丝袜花艺术

Ronde Flower

吴静芳 著

前　言

世间万物，有人喜欢萝卜，有人不喜欢青菜，青菜萝卜各有所爱，这乃人之常情。而对于花，似乎很少有不喜欢的。

所以古今中外，有关花的行业始终兴旺发达，有关花的书也始终非常畅销。

中国改革开放后，南花北开，西花东运，春花冬开，冬花春开，鲜花业、人造花业越来越红火。

丝袜花源自于新兴的尼龙丝材料流行之时，而勤劳聪明的日本人惯于小题大做，越做越大。初时只是凭着兴趣，后来竟然开发出了系列的丝袜花专用材料和工具，形成了产业。

丝袜花在日本，叫作RONDE FLOWER（龙蒂花），意为用尼龙丝网设计而成的花。在我国的台湾地区，也许是由于音译成方言发音之故，被叫作“东蓠花”，但也有叫作丝袜花的。香港也一样，把龙蒂花叫作丝袜花。但也有叫作“水晶花”的。水晶花的来历是在龙蒂花成型后，为了防止脱丝而涂上了一层透明的类似指甲油性质的保护液，这种丝袜花外观晶莹透亮，酷似水晶。

丝袜花艺术与布花艺术一样，同属人造花艺术。但它又与布花不同。她更具造型的可塑性和表现力。

丝袜花艺术本不是阳春白雪，她决非高不可攀。她有些像卡拉OK，有些像流行歌曲。她是大众艺术，是通俗艺术……只要肯学，人人都能学会。

春天到了，桃花开了，油菜花黄了，春的气息扑鼻而来。然而，从城里到乡下，花店不计其数，却均无桃花、油菜花出售。爱花的人往往有些无奈……

用丝袜花材料和工具不仅可造出桃花、油菜花，留住春天，留住四季百花，还能造出世界上从未有过的永不凋谢的新花奇葩。

根据不同的生活内容的需要，根据不同的环境，根据自己的性格和爱好，尽情地享受上帝赋予你的聪明才智吧！用你的双手创造出人世间最奇特、最美丽的花朵！

本书是作者自1993年以来，对自己教育研究、设计创作的总结。全书共分三个篇章，第一部分为《花艺篇》，主要是作者对花种、花形、花色及其有关的花艺进行研究的汇总。全篇共登出作者创作的作品近百件，其中不同花种、花形的设计80件。有些花种，中国无国外有；有些花种，国内外均无，所以有些花名是作者生造的。另外，因时间关系，本书内所有照片均由作者自己拍摄，故不尽人意之处尚多。

第二部分为《应用篇》。出版本书的目的不只是供人看，还为让人引以为用。这几年来，作者主要从事服饰品的教育、设计和研制工作。在课堂上下，校内校外，工作中涌现了一大批酷爱丝袜花艺术的学生。她们创作的《小偶人》、《稻草人》、《小爬虫》、《小猫咪咪》、《母鸡咯咯》、苹果、桔子、草莓、菠萝等等小品小巧玲珑、稚态可掬，使丝袜花艺术的应用别开生面。这类小品，不仅可装饰、点缀服装，也可别、挂在书包、手袋上。很多同学还把此作为人际交往、馈赠亲友的尤物和礼品。

本书的第三部分为《工艺篇》。为使读者能与作者一起分享创作丝袜花的喜悦，全书登出了100多种丝袜花和小品的照片。在《工艺篇》中，为了便于有兴趣的读者自学，不仅对丝袜花的基础工艺作了较详细的介绍，并且还列举了五十二种较有代表性的常见花型，做了由浅人深的作法步骤的图文说明。作者深信，凡真心热爱丝袜花艺术的读者，只要用心学，用心做，用心体会，只要能够真正掌握了绕圈工艺、网丝工艺、花瓣造型工艺、花蕾造型工艺、叶子造型工艺和组装工艺这六大基础造型手法，再通过一定的百花工艺的练习，就能运用自如地去从事各种丝袜花的设计和创作艺术。

希望能在很短的时间内看到本书开花结果，看到更为精彩的中国丝袜花艺术作品。

本书结稿于一九九八年三八妇女节。

谨于此书献给世界上所有的女性。

吴静芳

目　录

■铁线莲

四季百花

每年冬末春初，春节期间，一盆一盆的水仙花开了，幽幽的清香和蓬勃的花姿给人们送来了春的情意。

水仙花是巴基斯坦的国花。

■ 水仙　国际通用的花语为［自爱和快

■ 香雪兰

January

虎头兰、蝴蝶兰、香雪兰等均开花于1月。这些花原产于中国南部、印度和澳大利亚等地区。用虎头兰等花精心做成胸花和头花，若在1月15日成人节时赠送小女孩，会倍受青睐。

■ 梅 花

玫瑰象征[美和爱]。是古希腊美神、爱神和圣母的象征。

Febrauary

2月14日是情人节，据说古时候有位叫巴仑廷的圣人曾为守护男女情人而死，故国际上均以其名称呼此节。节前，市场上常把巧克力和玫瑰、郁金香等花卉组合成心形礼品送给自己心爱的、亲爱的、尊敬的人。

2月时节，国外花市上盛行一种叫浅葱水仙的，色泽典雅，有黄、浅紫、粉红和白等多种色彩。花语为[天真无邪和纯洁]，深受人们喜爱。

■ 紫叶玫瑰

■ 桃花

■ 春菊

March April

郁金香的花语为

[相思、正直、挚爱和爱的宣言]

3、4月，各色郁金香盛开。郁金香原产于中东，16世纪传人欧洲。17、18世纪为郁金香的黄金期，至今已有5 000余个品种，荷兰是目前世界上最大的郁金香输出国。

紫郁金香代表永恒的爱。

白郁金香代表失恋。

■报春花

■樱草

May 康乃馨 代表[母爱]

康乃馨和铃兰花都开于5月季节。5月的第二个星期日为母亲节。1914年，美国一名叫安娜·M·嘉碧丝的少女为感谢和纪念自己的母亲而发起了一场运动，母亲节便由此而来。康乃馨是安娜的母亲最喜欢的一种花，所以母亲节上盛行送康乃馨。康乃馨也常被代表为母爱。

康乃馨原产于南美与西亚，是一种香水的原料。在欧美国家的女性社会里，康乃馨在社交礼仪场合的地位仅次于玫瑰，作为花束的康乃馨常代表纯粹的爱情。

铃兰花又名君影草，常给人以虽妩媚却朴素之感。具有一种能不可思议地占有男士之心的神秘感。

花语为：幸福又回到了你的身边。

铃兰花是瑞典和芬兰的国花。

■石竹

■绣球花

■紫蝴蝶

■夹竹桃

June 玫瑰

玫瑰象征［美和爱］。是古希腊美神、爱神和圣母的象征。

■马蹄莲

6月份是玫瑰花盛开的季节。英国和罗马尼亚的国花就是玫瑰花。玫瑰花品种、形色繁多，至今已有2万多个品种，且每年均有数百个新改良的品种问世。玫瑰以其大小适度、色彩丰富、花形优美、香味典雅四大优点而广为全世界各国人民所喜爱，有花中之王的美称。古罗马时期的名代帝王就好用玫瑰作成花环式的皇冠戴于头部出席宴会。千百年来玫瑰为人们创造了无数美丽动人的爱情故事给人们带来了无尽的幸福和欢乐。在西方社会，人们常把玫瑰、百合、三色堇三种花作为女性美德的象征。百合象征神圣和纯洁。三色堇象征谦虚和朴实。

■昌兰

六月开花的有昌兰。昌兰原产于马达加斯加和南非等热带地区，现有数千个品种。语为［整装待发、准备战斗］，故昌兰亦有人称之为剑兰。

六月的第三个星期日为父亲节。美国的约翰·布尔丝·道特夫人在1972年因有感于母亲节为纪念自己的亡父而提出，此节便由此而来。这一天，常以向父亲和已婚男子赠送黄玫瑰和黄飘带为象征。

象征［父爱］的花卉是石斛兰

花语为［孩子的爱、孝心］

百合花一般开花于7月。在西方社会，人们把百合花称为玛多娜·里里。白色的百合象征神圣和纯洁。

July

■百合花

■铁线莲

■木莲花

■太阳花

花语为［告别，小憩］

七月开花的还有太阳花。太阳花体积娇小玲珑，色彩丰富而艳丽，开于阳光下，日开夜谢。

■球牡丹

■火鹤

火鹤开于8月。火鹤为观叶植物，形态潇洒而优雅，在夏日的花束中极其挺拔和出色。花语为［有成就的恋爱］可用于各种婚丧喜事。

■向日葵

向日葵8月开花，常被比做如日中天的中年男子，是秘鲁和原苏联的国花。花语为［伪装的富裕、高傲和辉煌］

■宫灯花

■芙 蓉

■牡 丹

地中海是霞草（中国人称满天星）的故乡，

其淡淡的清香常使人联想起可爱的孩子们的气息。

花语为［清心］

■满天星

September

■秋菊

9月9日为敬老节。小秋菊开得天真烂漫，如与紫色的紫蕾花插在一起，就会有一种强烈的现代都市风韵，毫无娇柔做作之感。用秋菊馈赠老人以示节日问候可代表长寿健康。菊花在日本是仅次于樱花的准国花。

花语为[纯情少女]

■波斯菊

October

■非洲菊　花语为[神秘]

波斯菊本是一种野花，自哥仑布发现新大陆后被广为传播。日本人称之为“秋樱”。中国人称之为“波斯菊”。希腊语音为：Cosmos，意为美丽。

10月16日是老板节。非洲菊和波斯菊大多开于此月。非洲菊花梗挺拔、花形饱满。是老板节上赠送上司的佳品。

■黄花草

■菊花

■菊花

■篝火花

■圣诞红

December

■一串红

花语为[贵夫人]

November

圣诞红本是由叶变成的花，由绿转红，奇妙动人。星星草开花于11、12月。星星草花形朴实无华，纤小而达观。12月开花的还有嘉特里兰等洋兰花卉。嘉特里兰原名Cattleye，产于中南美，为哥仑比亚的国花。色艳而不俗，高雅无比。

■嘉特里兰

山花野草

大千世界，名花名草，奇花异草，形形色色，林林总总，因限于篇幅，无法言尽。而对于儿时记忆中的兰花草，至今难以忘怀。每到六月江南梅雨季节，总会情不自禁地想起小时候在无锡乡下见到兰花草时的情景。连续十天半月，说下就下且下个不停的雨季终于过去之后，天气豁然开朗，阳光明媚，空气十分清新。兰花草那纤细小巧、袅袅婷婷的身影，那洁净高雅、端庄矜持的兰色花朵，悄悄地出现在墙根下、田埂边，那种大家闺秀、名贵花卉万难比拟的美，令我至今眷恋不已。

类似的还有萝卜花、蚕豆花。虽多年来一直身居闹市难得一见，但只要一有机会，就会不由自主地去寻访她们。因有感于此，这次作者根据回忆，把这些小花小草，农家蔬菜也做进了这本丝袜花艺术的书中。

□兰花草

□吊金钟

□孔雀草

□罂粟花

□草 涟

□野山菊　　□萝卜花

□灯笼草　　□星星草

□黄苞竹芋

□翡翠叶

□仙客来

□火焰百合

□诗霄草

□勿忘我

□小雪

□含霜

□桔梗花

□三色堇

□龙胆紫

□油菜花

□棒棒花

□三星花

兰花家族

□君子兰

□虎头兰

□芭菲欧

□虎头兰

□法莱若兰

□蝴蝶兰

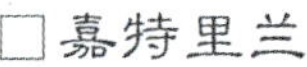

□嘉特里兰

玫瑰颂

□淡泊清香绿玫瑰

□多愁善感紫玫瑰

□疯狂痴迷黄玫瑰

□天长地久无色玫瑰

□温和淳厚肉色玫瑰

□风流娇艳红玫瑰

新花奇葩

《新花奇葩》中的花，是作者在创作过程中的副产品。特别是像黑色的梅花、菊花、桃花等，都是在创作实用服饰花之余作成的，原本这些花是作为头花、帽花、胸花用的，后来稍事改动就作成了折技花再配之于一定的花蕊，成为现在书中的模样。还有七彩花骨朵，原也是作为一些折枝花、盆景花的配件用的，后来突发奇想，把她们也作成了现在的模样。

□墨梅　墨梅更知苦寒辛

□紫叶玫瑰　红花绿叶，大凡世间百花无不如此，唯此间两枚紫色玫瑰：紫梗紫叶紫花朵

□七彩花骨朵　采用各色丝袜的边角余料作成

□金丝草　此花系新型镶金银丝材料作成，色泽奇妙动人

红、黄、蓝三元色相的丝袜，均系彩色绉纹纸染色而成，绿色花器系用绿色绉纹纸包裹空卸外表而成。红、黄、蓝三色铁丝系彩色塑料皮电线，不仅色彩鲜艳，可塑性强，而且不宜刺破丝袜。

□五彩菊

□檀香牡丹

□布纹蔷薇　　此系童用裤袜作成，质地丰厚且带印花纹

室内装饰

□插花之一

□插花之二

掌握了一定的花艺以后，还应了解一些有关送花、用花的礼仪习俗。下面是一些国际通用的常识。

1、祝贺性送花:

蝴蝶兰常被人誉为品格高尚、优美高雅而当成首选之花。花茎较长，花瓣完整齐全，花形饱满的红玫瑰也常被作为祝贺性送花的主体花。百合花、马蹄莲因其色泽洁白丰厚，常被人作为人品正直无邪的象征；昌兰、非洲菊、天堂鸟花梗高挑，有进步向上的品行，故这些都是祝贺性送花的常用花。

开业剪彩、比赛得奖、升学榜上有名等均可应用上述诸花。

2、乔迁之喜:

时下买新房搬新房的人家日趋增多，以赠花方式祝贺乔迁之喜也蔚然成风。送些色彩鲜艳热烈，花形饱满的花篮、花束均会博得主人的欢心。但如若遇上因天灾人祸（如火灾）而换房的，切忌送红色、火黄、火红色花前去贺喜，这样不仅不能使人满意，反而会增添人家的恐怖不安，令人对灾难的余悸难消。

3、新婚之喜:

结婚，是人生中最美好的时刻之一。一般可以色彩鲜艳热烈的花朵前去贺喜,如红玫瑰等。而时下年轻一代审美观、价值观已经改变，特别是城市青年，穿着白色的婚纱手里捧着的并不单是一种红玫瑰，很多新娘追求的是一种独特、高雅、清新的现代美。常见她们手中捧着一束清一色的百合花、清一色的马蹄莲、清一色的郁金香、清一色的非洲菊等等，这在过去是确实见不到的。

4、出生贺喜:

无论生男生女，现代人大都欣喜若狂。生男孩可送马蹄莲、昌兰、火鹤、天堂鸟之类的花，这些花形因常给人出类拔萃之感，故深得人们喜爱；生女孩，则可送粉色玫瑰、粉色郁金香、粉色非洲菊、白色的百合和满天星等等，还可以婴儿花车的形式赠送。

□花束

5、作品发表会、展览会贺花：

一般可赠色彩丰富、花形齐整厚重一些的花，以示对丰硕成果的祝贺。展览会时间较长的，应挑选不易谢、不易干枯的花。常见的是昌兰、玫瑰、康乃馨、满天星和情人草等。

6、追悼会和扫墓送花：

马蹄莲、昌兰花梗挺拔，可象征人的高风亮节，深得葬礼场上人们喜爱。百合花、白玫瑰、白菊花等常被人用于扫墓献花。

上述各种礼仪场合，只是日常人际交往极有限的一部分，其实还有很多时候和场合也经常会以送花交际。而且人生百态、百姓百心，远非上面这些教条所能概括的。在生活中，还须因人、因事、因地而宜灵活运用。

7、日常家庭用花：

客厅中茶几、餐桌、窗口都是放花的主要场所。客厅空间大的，可选择比较有份量的盆景，这样显得有气魄，易与大客厅的气派协调。若客厅小的，就放置一些娇小玲珑的插花，哪怕一枝花一朵花亦可。选择花种时可以花的共性为原则，因为客厅中常被用来接待客人等。而厨房、书房、卫生间、卧室基本属私密空间，不适于外人进出，这样的空间里可陈设一些主人自己喜爱的个性化的花，至于花盆还是花插，可视空间大小而定。

□盆景之一

如作者自家的客厅里，经常陈设于餐桌上的花，大多随季节变化，随来访客人的特点而定。而两个女儿卧室中的花，大女儿性格开朗、好动，故常挑选色彩鲜艳热烈，花形饱满的花装饰自己的房间。小女儿性格较含蓄、喜静，所以其睡房中常年累月插的是一束蓝紫色的草花。

□盆景之二　　白花黑叶，阅尽人间春色

□壁挂之一

□壁挂之二

用丝袜花作壁挂装饰，确也别具一格

□盆景之三　　花与花器均需有一定的观赏价值

□花篮　花篮形式本身的装饰性较强，篮内花叶的配置也要注意形与色的谐调与变化

目前，日常家庭中、办公室等公共场所用花来进行室内装饰的已非常普遍。因此，除了了解掌握一些花的常识外，还应增加一些有关花器（盛花的容器）的知识。有些花本身很美，但由于花的盛器不协调，因而适得其反，毫无美感可言。本书中的花器也非全尽人意。主要原因是市场上出售的可供选用的花器实在太少。因此，本书中大部分花器均为作者自行配制的。

□插花之四

□插花之五

□耳饰

RONDE

服饰花

□成年女性礼仪发箍

□礼服胸花

□休闲装胸花

□礼服胸花

使用服饰花，在国外是一种常用风俗。常见常用的服饰花有：胸花、头花（包括帽花）等。近年来中国市场随着生活方式的改变、生活质量的提高（更为强调精神性需求）和人际交往礼仪形式的升华也开始有这些服饰花出售。使用这类饰花的主要原则之一，就是花形、花色、花义应基本与所穿服装协调配套。如一些比较正统严肃的礼服和职业女装，与之相配的饰花就应讲究花形完整饱满，色彩庄重典雅。常见的有玫瑰、茶花等。而若是略带休闲性的少女装，其饰花就可采用较为轻松活泼、天真可爱的花色和花形。如一些粉色的草花，单纯的树叶组合等等。

□少女发箍

□少女装胸花

□发夹

□胸花

□牡丹花帽饰

□玫瑰花帽饰

□草花帽饰

□礼服胸花

□职业女装胸花

□花心

□白色婚纱

□展示模特

装饰小品

□黑蝴蝶白蝴蝶

□乐器

□舞姬

□胖妞

□小偶人

□稻草人

□阳伞、小帽

□小爬虫

□小猫咪咪

□红蜻蜓绿蜻蜓

□小蜜蜂

□小树叶

□母鸡咯咯

□圣诞树和圣诞靴

□苹果、桔子、西红柿

基础工艺

1、材料

■此为日本产专用花材料

丝袜花的材料主要有两种。一种是绕线圈用的铁丝；另一种则是尼龙丝网。铁丝材料应有粗细、软硬之分，以便于塑造各种大小不一的花形。日本新工艺（N E W CRAFT）株式会社经销的丝袜花专用铁丝，粗细规格有数十种，每种又有近十个色别。该社的尼龙丝网也一样，不仅质地薄、弹性好，而且色彩非常丰富。有单色型、晕染色型，还有夹金丝和夹银丝型的，共有三四十种。

目前，中国除台湾、香港地区外，还尚未有产销此两种丝袜花专用材料的。因此，在设计制作丝袜花时，大多只能采用代用材料。

铁丝的代用材料有：彩色电线、彩色电话线、铅丝、铜丝、铁丝等。粗细以18#、20#、22#、24#为主。尼龙丝网的代用材料也较多，主要是以尼龙丝袜来代替。中国不只生产各种肉色、黑色、白色、灰色丝袜，也生产各种彩色童袜和成人用连裤丝袜。这些袜子大多薄而弹性好，即使穿破穿旧了，仍能作为丝袜花材料使用。若用化工染料对这些袜色进行处理还可随心所欲地得到自己所需之色。在教学过程中，更有同学采取极其简易的办法对废旧丝袜进行染色处理。有的用彩色绉纹纸浸泡，有的用医用红、紫药水和写字用的各色墨水涂抹。真是五花八门，色彩纷呈，令人感动不已。

■国产彩色丝袜和各种彩色电线

2、辅料

辅料主要包括：花芯、尼龙丝线、卷带和白胶等。

1、花芯：国外的花芯，花色品种很多，常用的就有几十种。好多花芯都是某种花形专用的。如百合花、

向日葵、马蹄莲，其花芯、花蕊都是专形专用。中国产的花芯，目前种类还不多，色彩、造型都较单调生硬。所以在制作丝袜花时，必须根据花形需要自己动手研制相应的花芯、花蕊和花蕾。比如各种菊花、兰花的花芯都必须学会自己制作。

2、尼龙丝线：主要供结扎尼龙丝网用。这种尼龙丝线不仅细而牢，且具有一定的弹力，所以结扎数圈后不用打结，拉断后也不会松散脱落。市场上很少有专供制作人造花使用的尼龙丝线出售，但可以通过拆取旧尼龙袜线等办法解决。

3、卷带：包卷花的茎和梗的主要材料。国外主要有两种材质：一种是布质，一种是纸质，以绿、咖啡色和黑色为主，且大多在一侧涂有不干胶，所以使用时极其方便。国内还尚无此类辅料在市场上出售，因此除设法向专业厂商少量购买外，大多也只能靠自行解决。解决的方法有两种：一种是用薄质的绿、咖啡、黑等色的丝绸材料代替，先上浆再裁成1~2CM宽的斜条，然后盘成卷带备用。若有白色电力纺（一种真丝材料名）材料的，亦可对其先用染色（可染成各种所需之色）处理，然后上浆、裁剪、盘卷备用。另一种方法是用各种彩色绉纹纸代替。此方法简便易行，但纸质较脆弱，且色彩大多比较俗艳，不宜在正式创作成品时使用，只能供初学练习应急。

4、白胶：这是一种粘合剂。通常采用市场上出售的供木工用的乳胶即可。除粘贴布带、纸带需用白胶外，在制作花蕾和较特殊的布叶时也必不可少。制作花蕾有时可用棉花等填充物包卷成型，用白胶后可使花蕾形态更加固定。用布制作叶子的第一道工序便是上浆。过去上浆大多用淀粉，现在可用白胶代替，在水中根据需要加入一定比例的白胶，用工具轻轻搅匀，将预先浸湿洗尽的布料均匀放入水中浸泡吃透白胶溶液，然后取出晾干备用。上过浆的布会具有一定的硬度，不仅便于布的造型操作，还能使布的边沿在任意剪切后不毛、不松散。

3、工具

丝袜花的主要工具有：绕圈用的圆柱形器物、尖嘴钳、剪刀等。国外有专供绕圈用的系列套筒出售。有的一套6个，每个大小相差1cm，最大的6cm，最小的1cm。有的一套8个，最大的8cm，适合制作更大的花片和叶子。系列套筒属中空形，故能依次套装，体积小，使用和携带极其方便。在尺寸上形成规格后，也利于丝袜花的产业化和标准化管理。中国尚无此种系列套筒出售。因此制作时必须用各种圆柱形器物代替。通常可用：各种直径的饮料空罐空瓶，各种洗、护发剂的空瓶，各种空药瓶，甚至唇膏管、笔杆、空胶卷盒等，均能形成系列尺寸供绕圈时配套使用。

尖嘴钳：主要供绕圈时拧合两根铁丝和剪断各种粗细铁丝。尖嘴钳以小巧灵活为宜。

剪刀：剪断尼龙丝网和裁剪布叶等都需要剪刀。剪刀以头部尖、刀刃锋利、小巧灵活为宜。

4、基本工艺

基本工艺主要包括如下几种:

(1) 绕圈工艺

(2) 网丝工艺

(3) 花瓣造型工艺

(4) 花蕾造型工艺

(5) 叶子造型工艺

(6) 组装工艺

上述6种基本工艺,基本上也是各种丝袜花造型的通用工艺。作者认为,掌握基本工艺的重要性远胜于对一朵花、两朵花的做法的精通。

(1) 绕圈工艺

关键在于掌握使用尖嘴钳的技艺。如果拧合不当,会直接影响花形美观和牢度。使用尖嘴钳的诀窍是:拧合时切忌转动握尖嘴钳的手,而握住绕有铁丝套筒的手应该转动90°若干次(一般为4~5次),尖嘴钳始终要拉紧拉直两根铁丝的头部,以保持线圈根部拧合后成一直线,不弯不毛,拧纹细密而均匀,这种线圈作出的花瓣和叶子不仅好看也好做(极便于组装成型)。线圈根部拧合后的铁丝一般以留1~2cm为宜(特殊花形例外)。

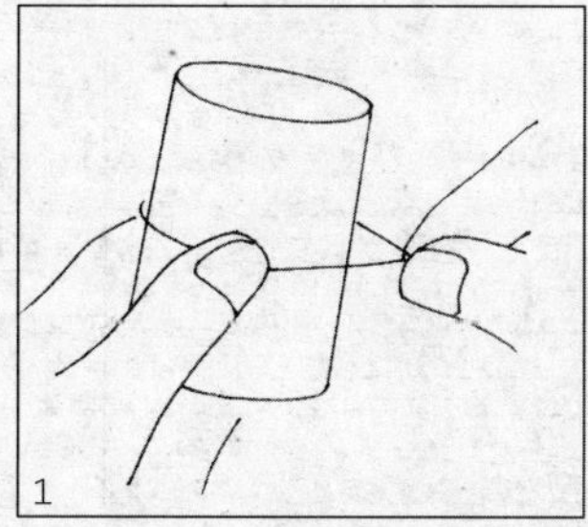

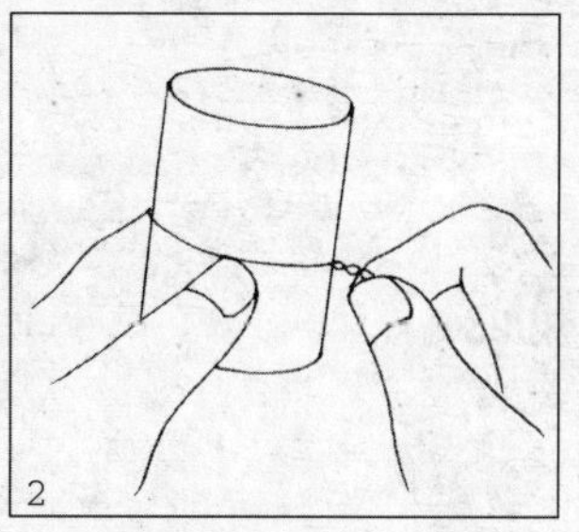

(2) 网丝工艺

把尼龙丝网平整地套住线圈，然后均匀地向线圈根部拉紧，用尼龙丝线结扎数圈，后剪去多余部分。拉紧尼龙丝网一定要适度。过松，会像泄了气的皮球松软无弹性；过紧会使铁丝线圈变形。尼龙丝线的结扎位置看似无关紧要，实质事关重大。结扎位置越固定在一条线的位置上越好。若忽上忽下，甚至将整个铁丝线圈的根部连同尼龙丝网全部缠上尼龙丝线，成一漏斗形，看似结实牢靠，实是成事不足败事有余。因为这种根部造型最不利于组装时的多瓣花片的结扎成型，特别是对于玫瑰、牡丹、圣诞红等十片以上花瓣的花种而言，这种扎线工艺是万万万万不可取的。此外，尼龙丝网余下部分的剪除也应适当注意，剩余太多，会使花的花托过大而流于不自然，剩余过少，不利于多瓣花片组装时结扎。

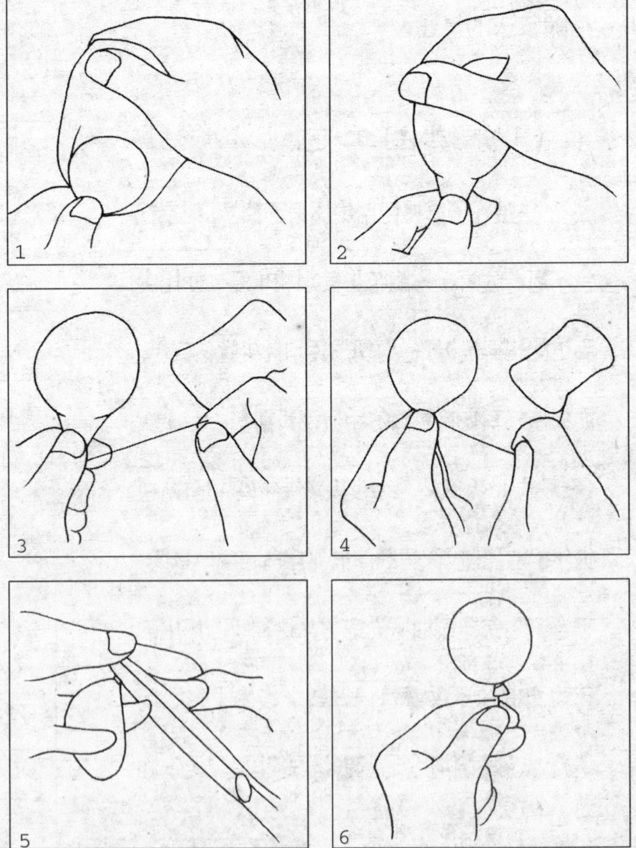

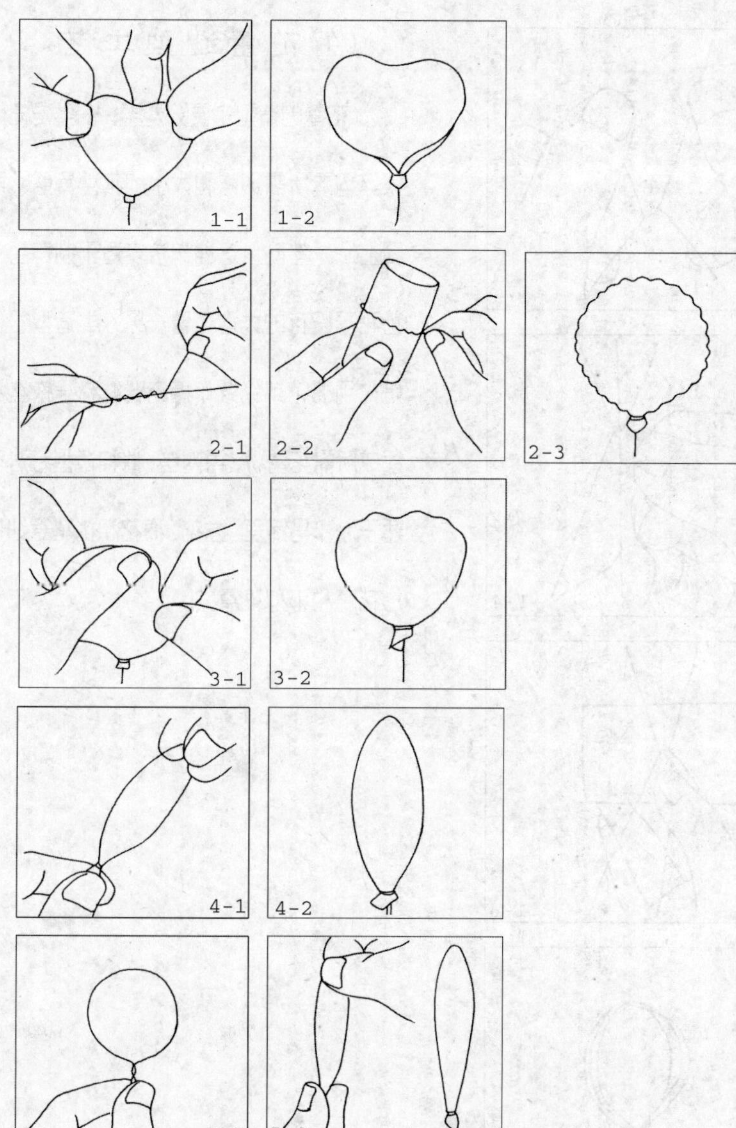

(3)花瓣造型工艺

原则上讲，这一工艺大多可在组装完毕后进行。但是，有些花型必须在组装前、甚至在铁丝绕圈前进行。如牡丹花、康乃馨，这类花种的花瓣形呈波浪形曲线状，一般均需在铁丝绕圈前，先将铁丝在一细长的钢丝或织毛衣的竹针等器具上缠绕成弹簧状，再用两把钳子夹住两端拉直（仍留有一定曲痕），然后再在套筒上绕圈。还有像百合花等均可在网上尼龙丝网后进行，先将花片拉成尖叶状，然后再一片片依次组装，这样可避免花片相互重叠倾轧，组装后的花形灵秀挺拔，能不失百合花的神韵。像吊金钟、木莲、灯笼花和宫灯花等花种属于特异花形，其构造主要取决于组装前对花片的造型处理，这部分花形的造型就不属通用型之列。

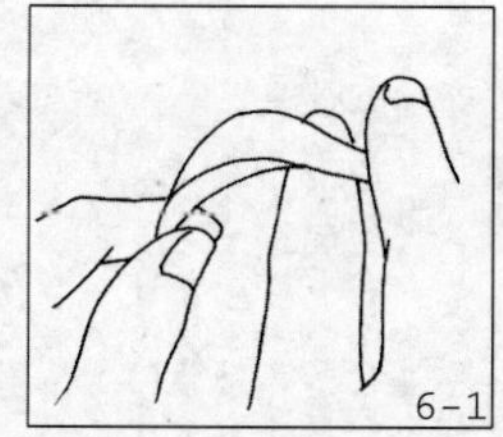

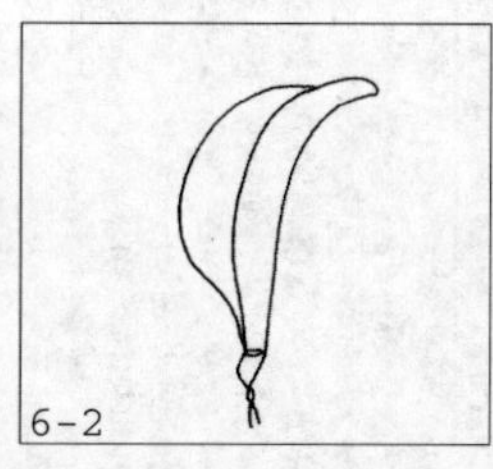

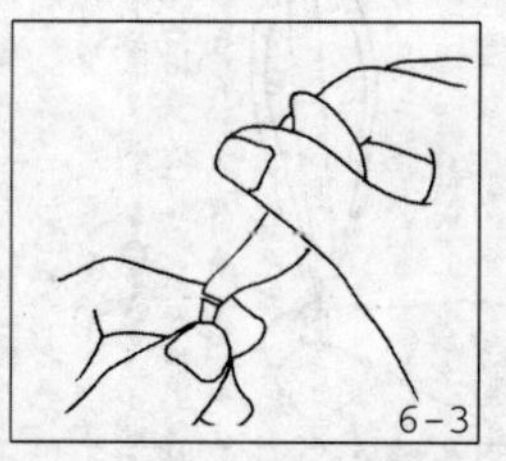

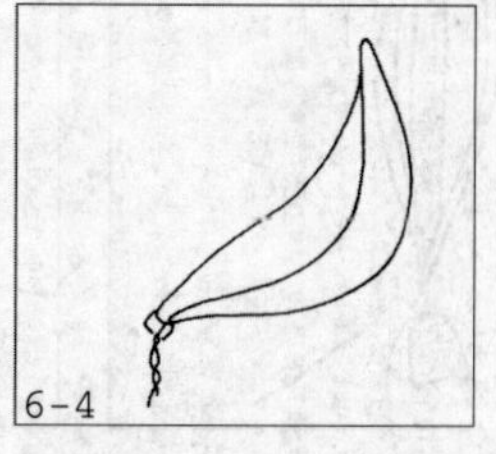

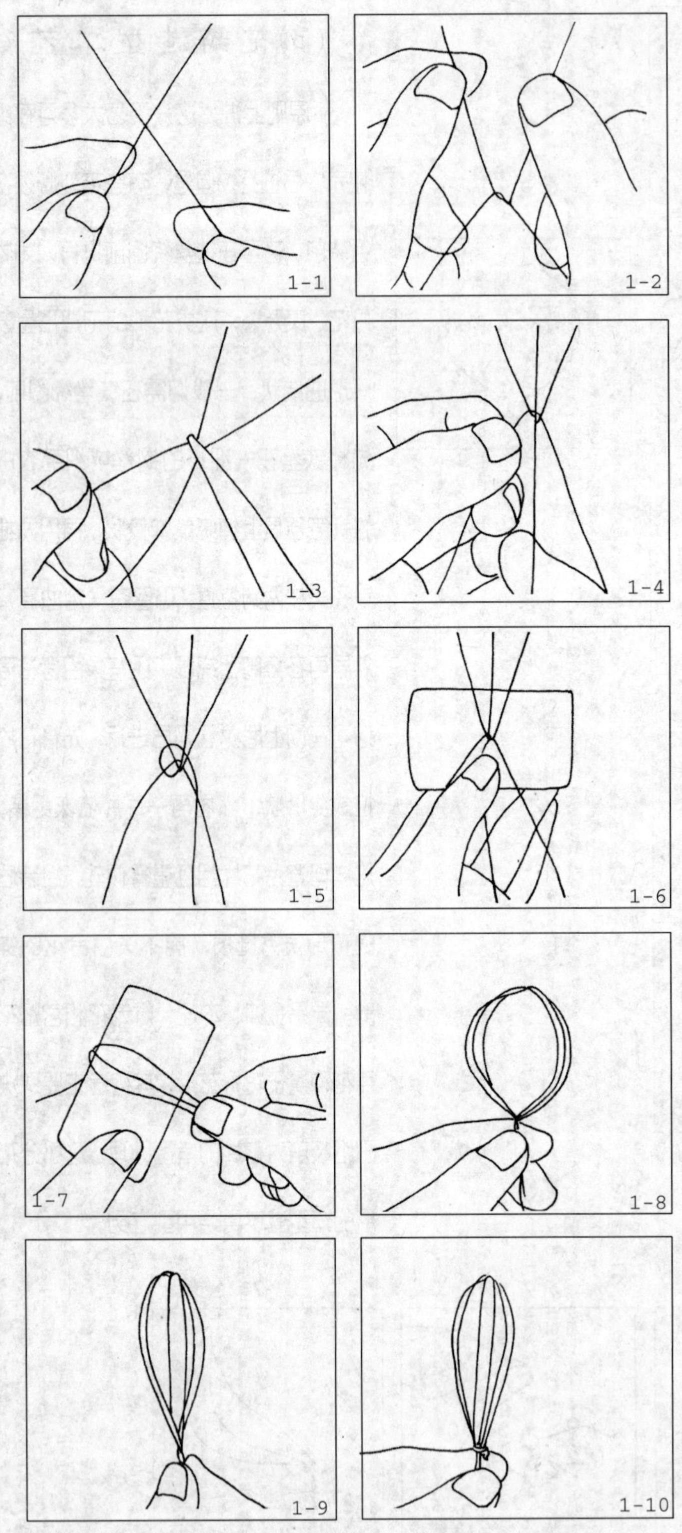

(4)花蕾造型工艺

花蕾的造型主要分两类。一类是先用铁丝构成所需形态和大小的花蕾骨骼，再网上尼龙丝网。这种作法较适于制作百合花和蔷薇花的大型花蕾。另一类造型工艺是先用棉花或绉纸作填充料缠绕于铁丝头部成所需花蕾状，再网丝。此种造型方法较适于制作马蹄莲、兰花、梅花和桃花等细长形花蕊和小型花蕾。

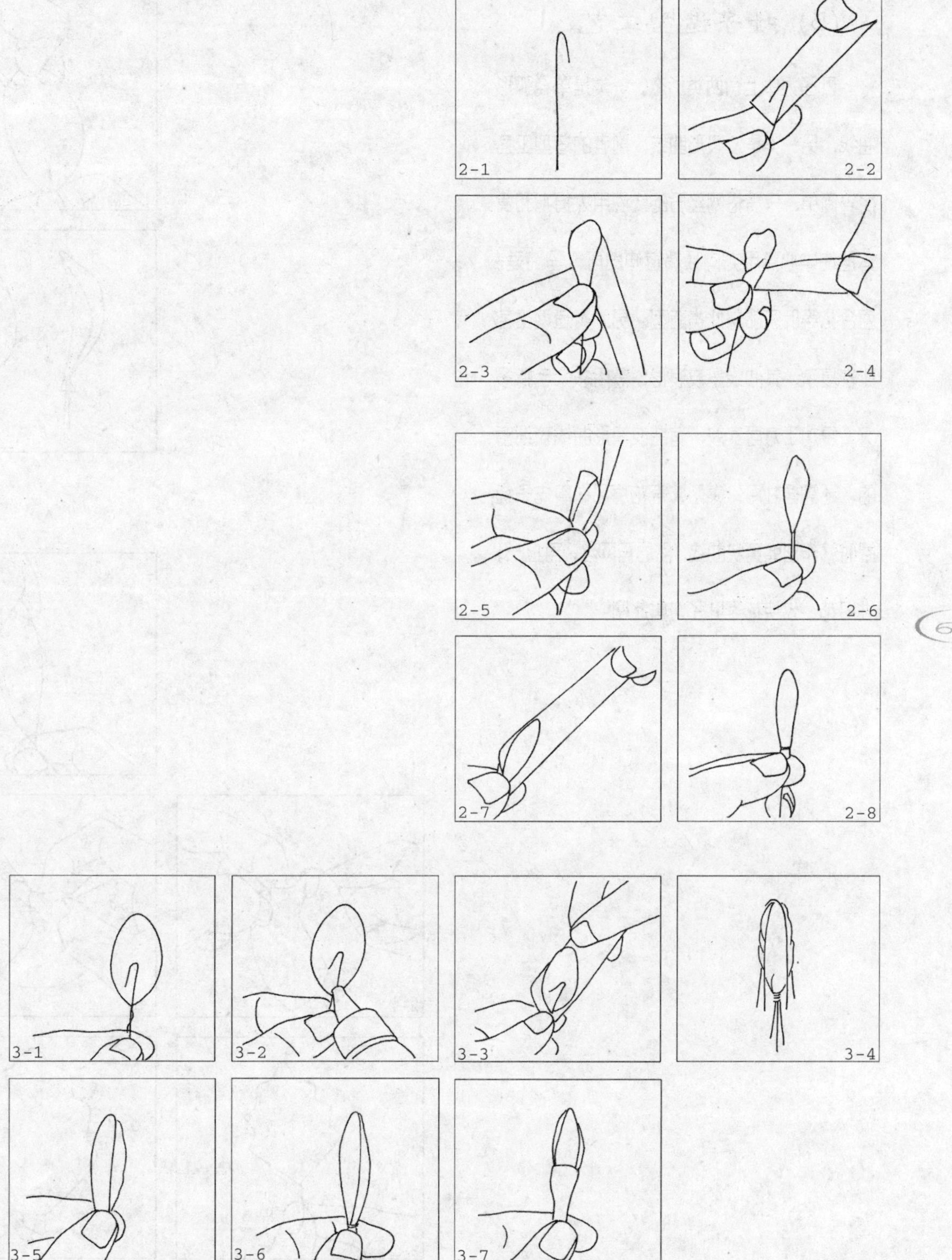
2-1
2-2
2-3
2-4
2-5
2-6
2-7
2-8
3-1
3-2
3-3
3-4
3-5
3-6
3-7

(5) 叶子造型工艺

叶子大体上有两类形态。一类是单纯弧形曲线；另一类是波浪形曲线。前者的造型工艺比较简单，只需将网丝后的线圈用大拇指和食指捏住中心点用力向顶端拉伸即可。马蹄莲、百合花等叶子都属此类造型。另一类造型工艺比较复杂，其曲线呈波浪形，需用多个手指多次重复加工方可奏效，有些波浪形曲线较细密的，还需像牡丹、康乃馨等花片那样事先于绕圈时就作出弹簧状曲线，然后再网丝，再拉长。牡丹花、玫瑰花等叶子均属此例。

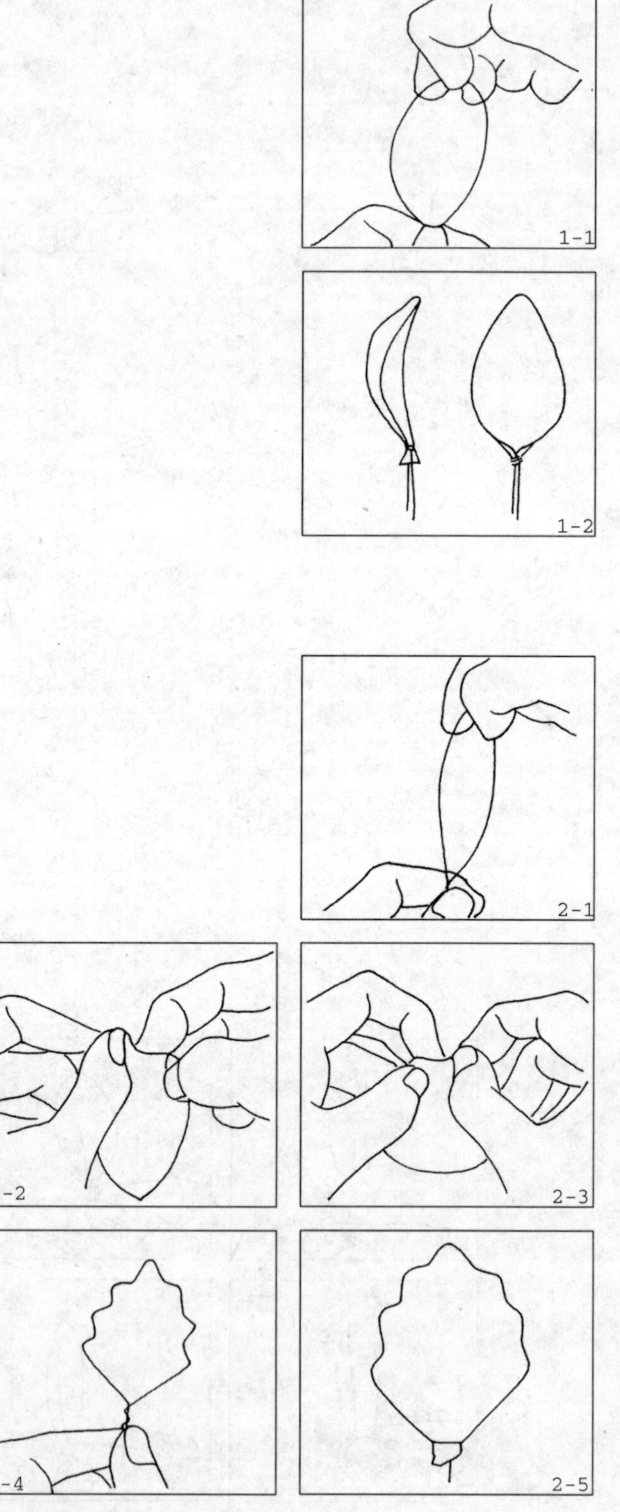

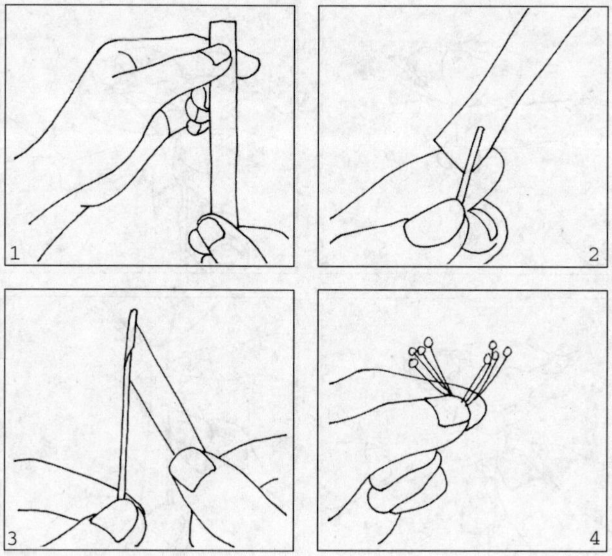

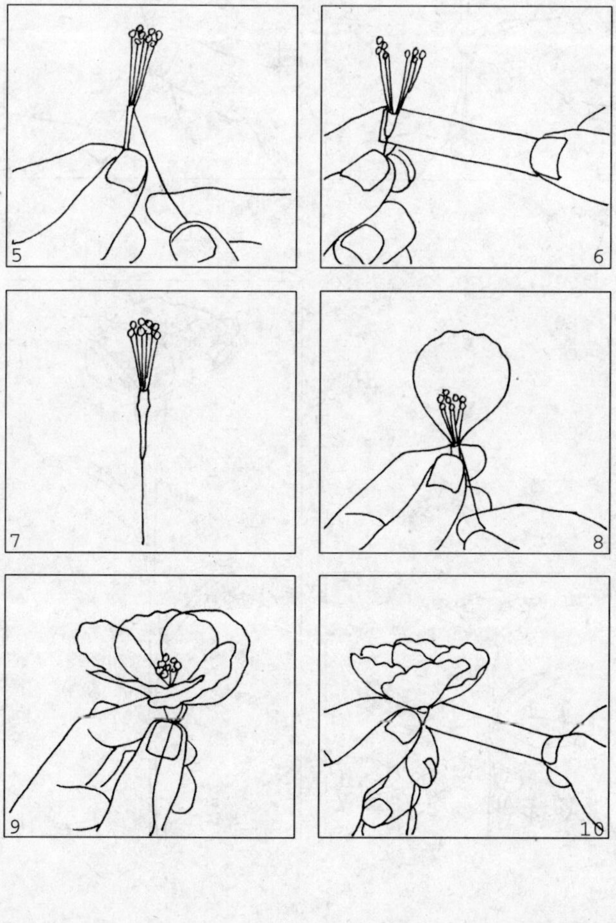

(6) 组装工艺

组装工艺中最关键的工艺有如下几种。首先是用尼龙丝线将多片花瓣结扎组合。花片必须一片片依次结扎上去，同时分布要均匀，始终与花芯保持在放大后的一圈同心圆弧线上。这里最重要的是注意尼龙丝线缠绕的位置，和前面网丝工艺中所强调的一样，切忌忽上忽下，改变尼龙丝线结扎的上下位置。其次是要注意结扎后花托的大小程度，如果过大，就要尽可能再将多余的尼龙丝网剪除；如果是过小，就需用棉花或绉纸缠绕数圈至适度为止。

花茎和花梗也一样，也应从上至下适量缠绕绉纸填充。最后是包卷绿色或咖啡色布带或纸带。包卷时以斜拉布、纸带为宜，并要注意均匀分布。组装完毕后，再对花瓣、叶子、花茎和花梗的或弯曲或倾斜的姿态进行造型。这是最为激动人心的瞬间。这时，你可以尽情享受创造美、表现美的成功的喜悦和乐趣。

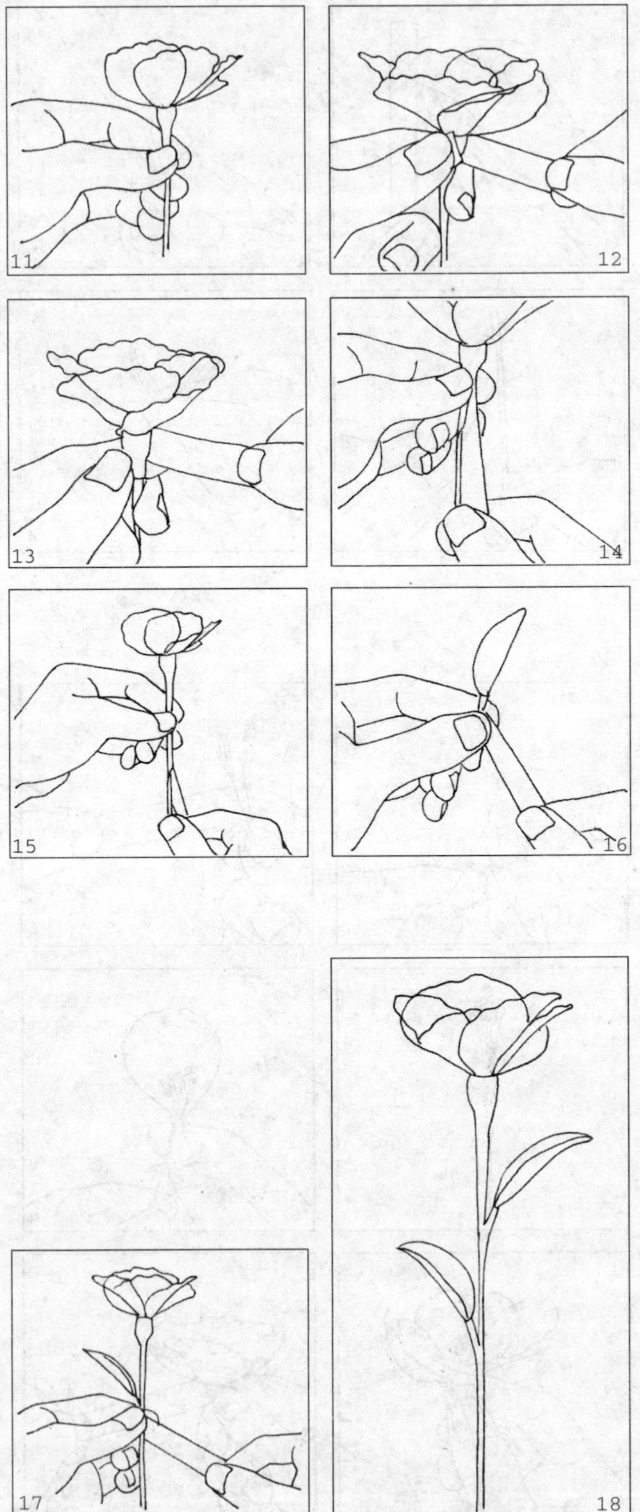

百花工艺

下面共列举了五十二种花形的造型工艺。由浅人深，从一片花瓣的马蹄莲和火鹤做起，然后两片的翡翠叶和兰花草，三片的霞草，四片的油菜花、萝卜花和绣球花，五片的桃花、梅花、山茶花，直到十五片、十八片的牡丹花和黄苞竹芋。最后部分是特种花形的特种造型。如勿忘我、吊金钟、木莲、灯笼草和宫灯花。

读者朋友如果想动手练习，最好由浅人深循序渐进，从一片花瓣的马蹄莲做起。制作时可参考《花艺篇》中的有关花种的花型特征，亦可直接参考生活中的鲜花形态和色彩。

作者相信，如果你能掌握这里列出的十种花形的工艺，你就能具备制作一百种花形的能力。一通百通，在认真学习、掌握花艺造型的基础上，你也就能自然而然地步人设计创造丝袜花应用艺术品的自由王国。

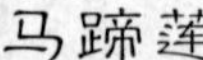

马蹄莲

1. 用黄色绉纸卷出细长形花蕊。

2. 用一片5～10cm大小直径的花片组装成马蹄莲花形，然后再进行定型整理，在梗部包卷布、纸带后即完成。

3. 完成后的马蹄莲花形。

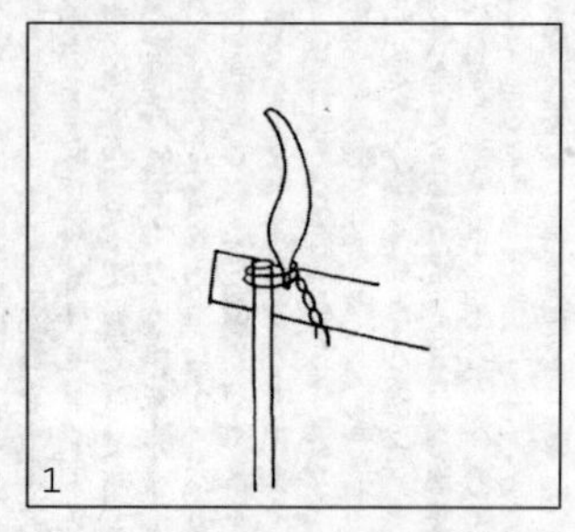

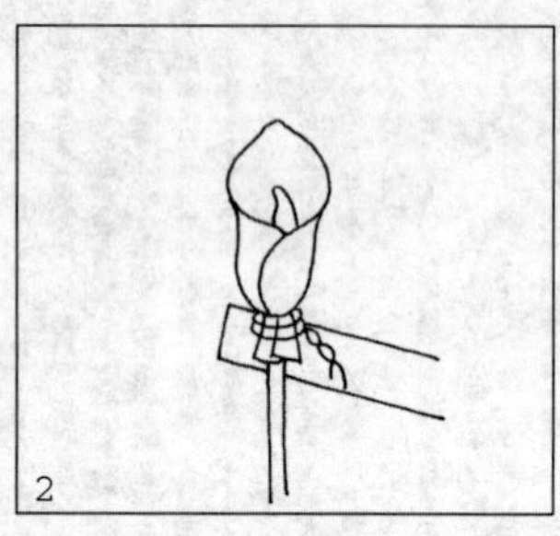

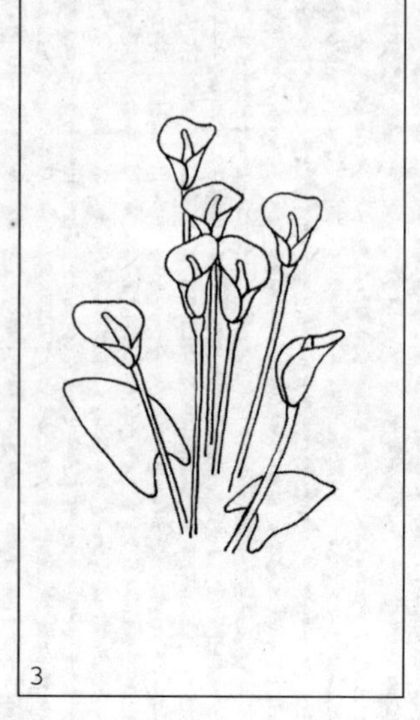

火　鹤

1. 花芯基本同马蹄莲作法。

2. 花瓣结扎组装也与马蹄莲相同，但花片弯曲翻转的造型略别于马蹄莲。

3. 定型后的火鹤造型。

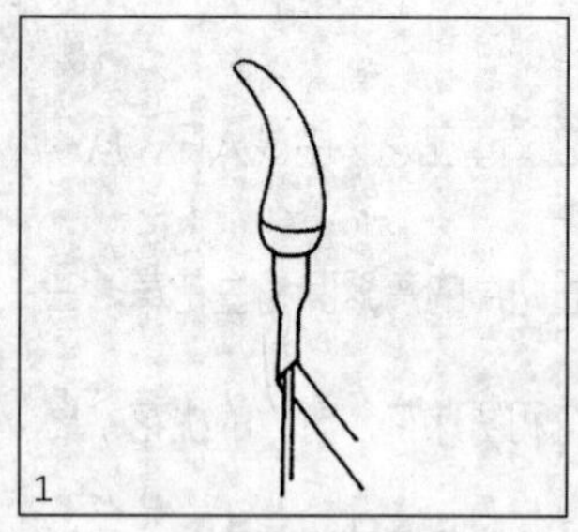

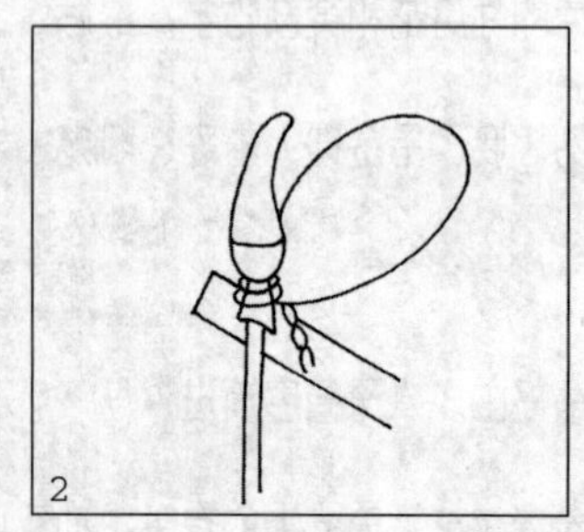

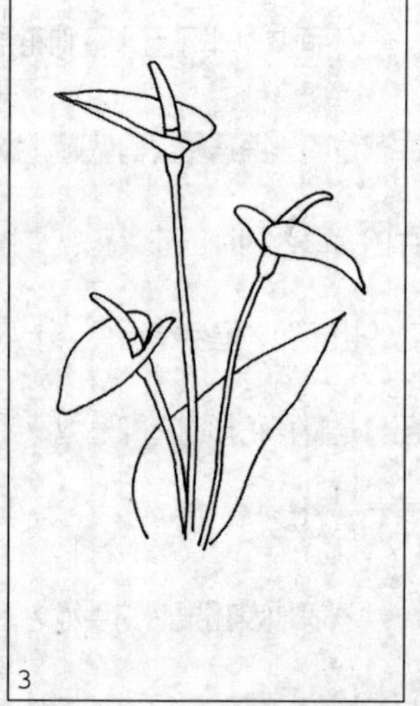

翡翠叶

1. 将两枚直径为2cm左右的叶片固定在叶梗的顶端，随即包卷布、纸带。

2. 每隔2～5cm再结扎两枚叶片。

3. 翡翠叶成品示意图。

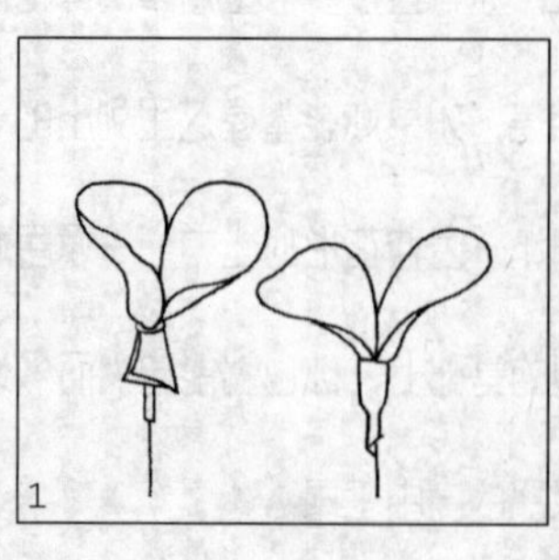

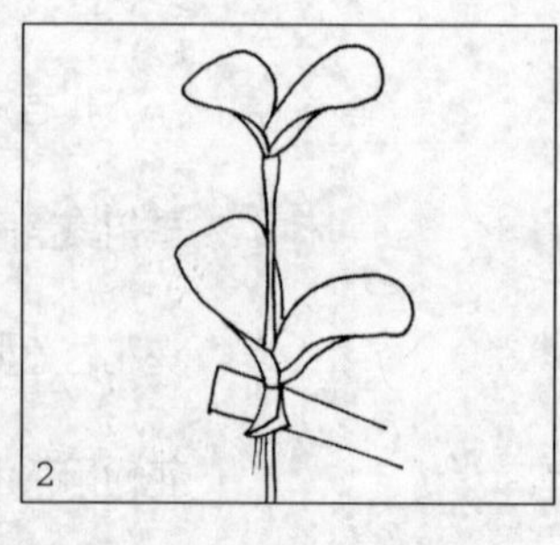

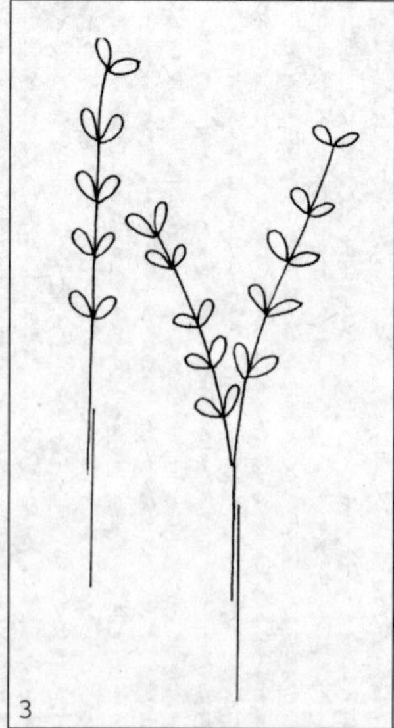

一串红

1. 只需一粒小花芯。

2．依次按三角对称形式结扎三枚直径约为1.5cm的花片。

3. 组装完成后的一串红造型。

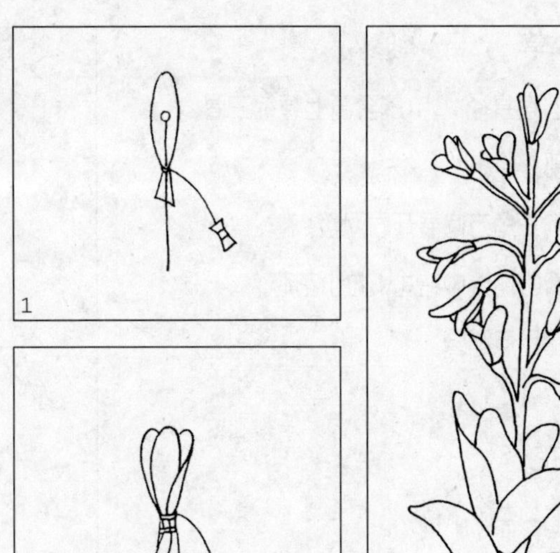

兰花草

1.兰花草花形虽小，但花芯上下穿插、错落有致，煞是活泼伶俐。

2. 兰花草花瓣造型，直径约为1.5cm左右。

3.将二枚花片左右对称结扎于花芯根部，再在花片根部紧挨着结扎1～2片直径为2cm左右的叶片。

4. 兰花草的叶片造型。

5. 兰花草的嫩芽嫩叶造型。

6. 组装完成后的兰花草造型。

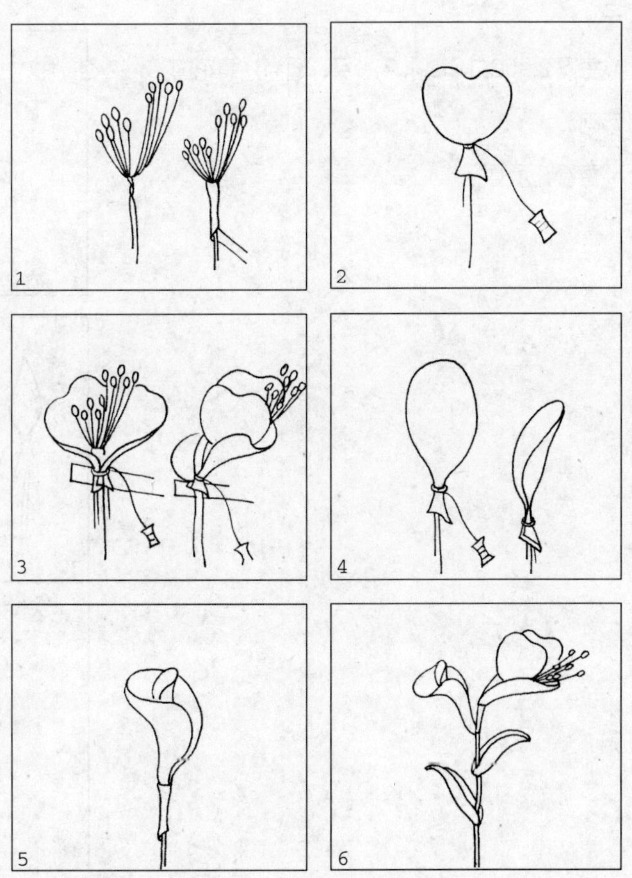

霞 草

1. 用30#铁丝在直径1cm的套筒上缠绕三圈，然后将其根部拧紧。

2. 将三个圈向三角方向展开后网丝。

3. 在二片花瓣的侧缝中结扎1粒小花芯。

4. 霞草的成品示意图。

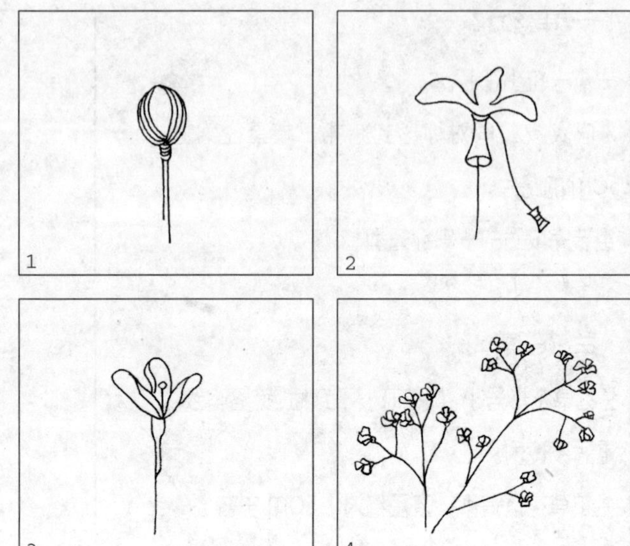

黄馨花

1. 黄馨花花芯只需1小粒。

2. 依次将四枚直径为1.5～2cm大小的花片按四角对称形式结扎。

3. 花梗顶端为直径1.5cm左右的1～2片小叶子。

4. 每隔2～5cm距离扎花一朵，适当注意花的方向。

5. 黄馨花示意图。

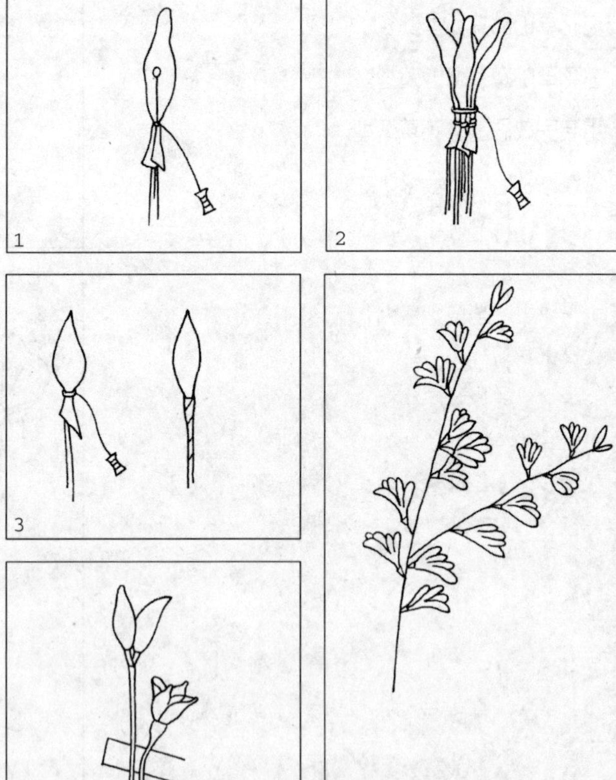

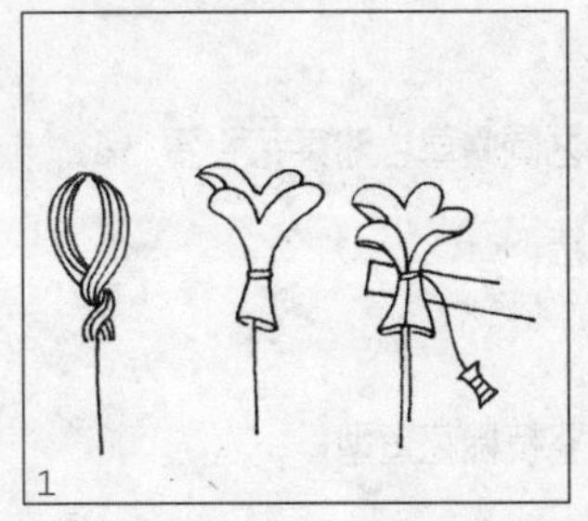
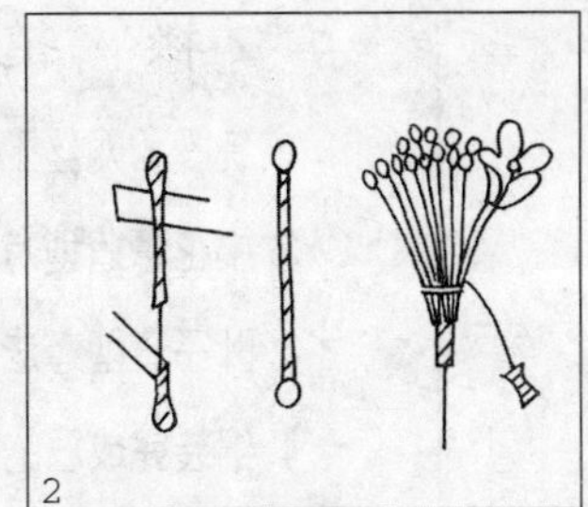
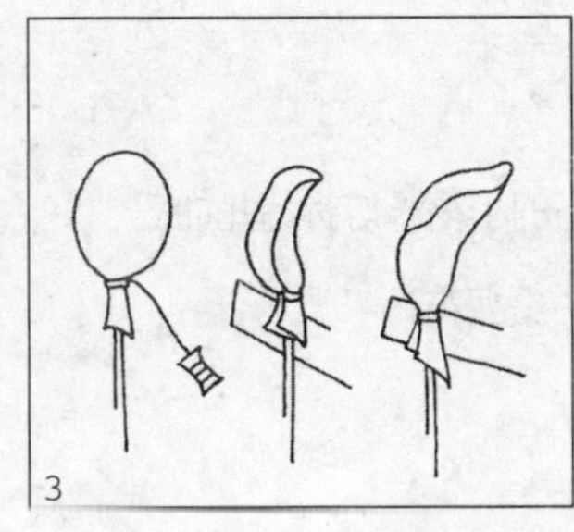
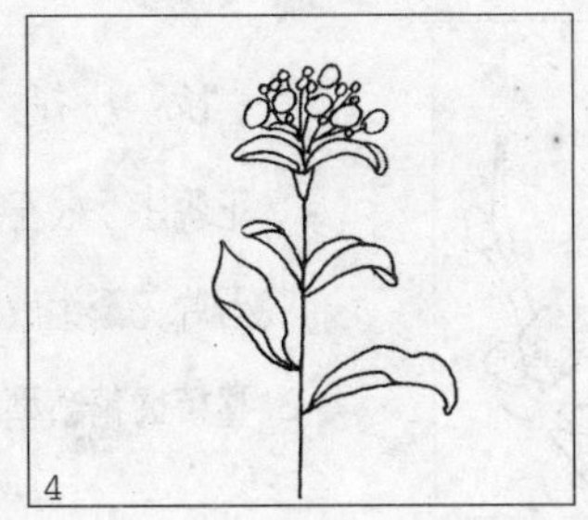

油菜花

萝卜花

油菜花与萝卜花除色彩不同外，花形大小、结构等大体相似。

1. 用前面霞草的绕圈法绕出四个圈，网丝后扎好1粒小花芯再包上布、纸带。

2. 小花蕾的作法和小花蕾与花朵组合的结扎方法。

3. 叶片造型。

4. 小枝花的造型。

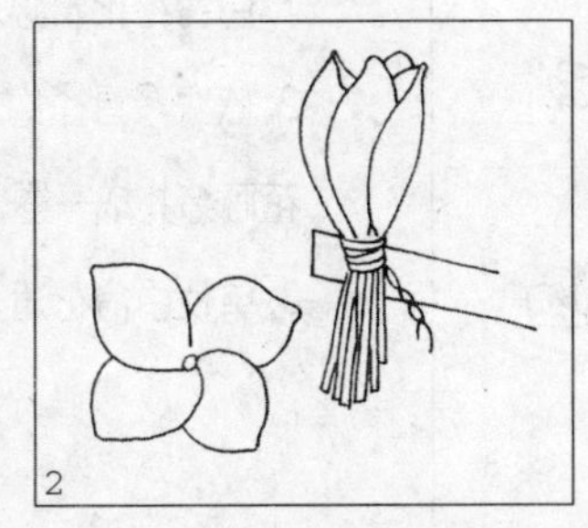
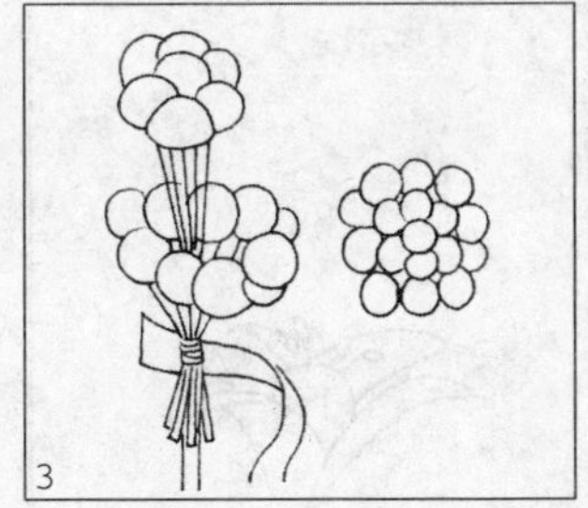
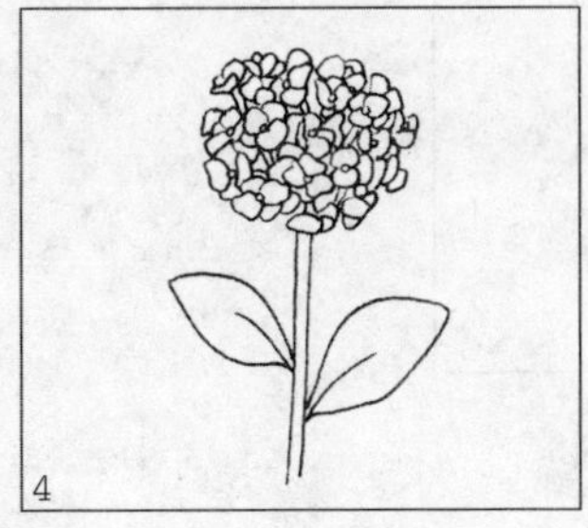

绣球花

1. 绣球花每小朵由四枚直径 2cm 的花片组成。

2. 中央1粒小花芯应紧贴四片花瓣的根部。

3. 花球组装形式示意图。

4. 单枝花示意图。

桃　花

1. 绕圈和网丝工艺同霞草、油菜花和萝卜花。

2. 小花蕾造型方法。

3. 叶子造型方法。

4. 组装完成后的整枝桃花造型。

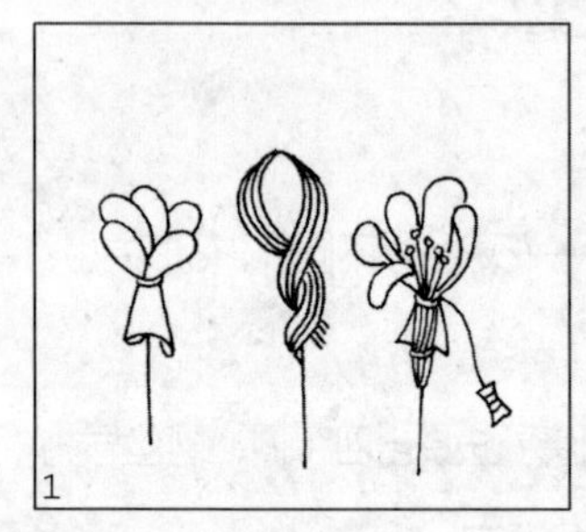

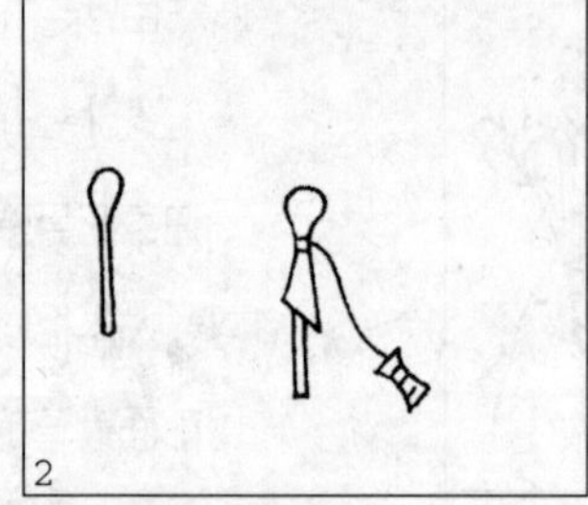

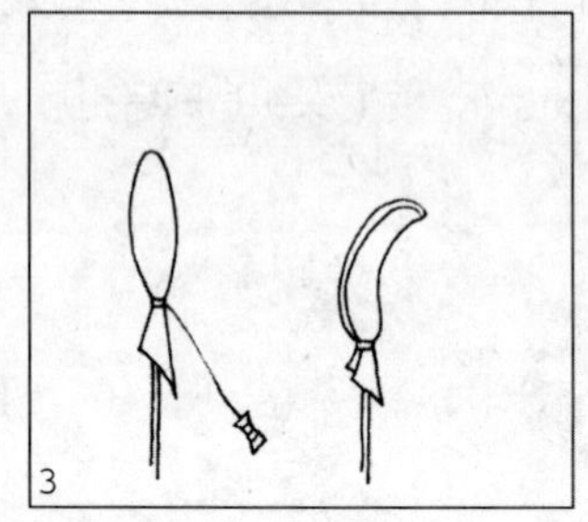

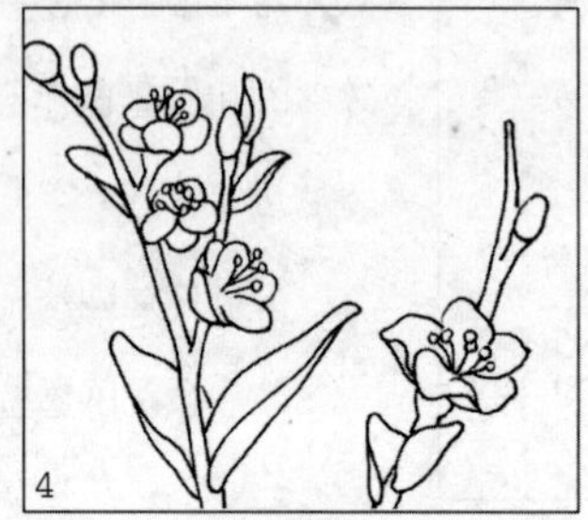

梅　花

1. 花蕊由5根左右的小花芯对折结扎而成。

2. 五片花瓣组成一朵梅花。

3. 整枝梅花造型。

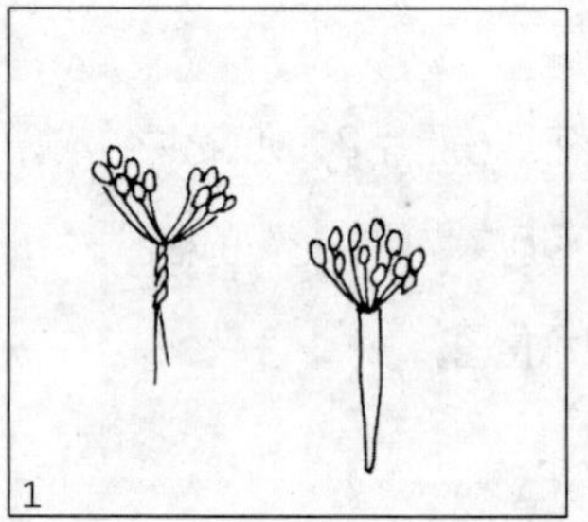

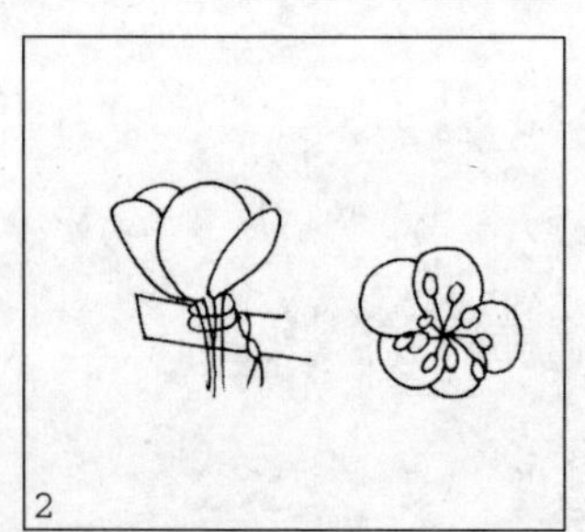

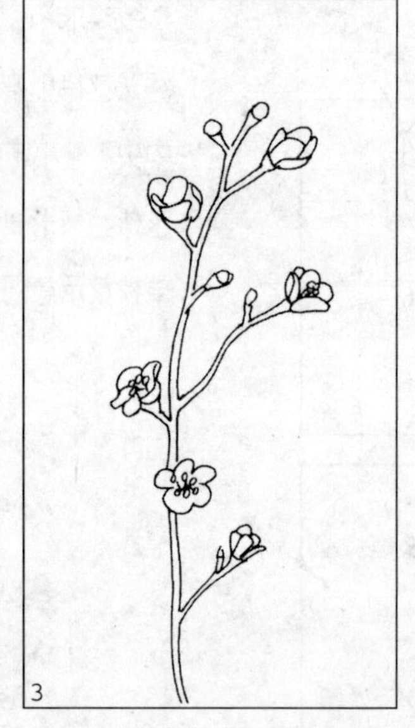

百合花

1. 百合花花蕊必须有雌雄之分，共六粒。

2. 依次将直径约为5cm左右的六片花瓣围着花芯结扎成一圈。

3. 单枝百合花造型。

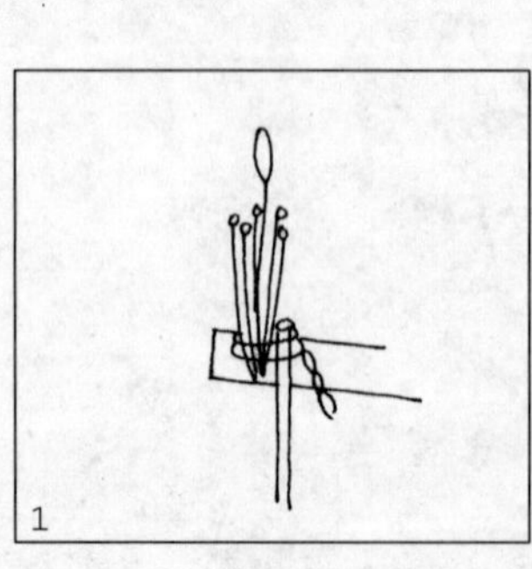

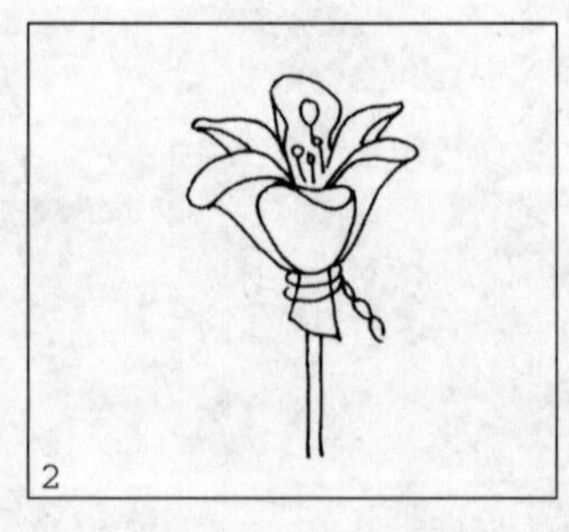

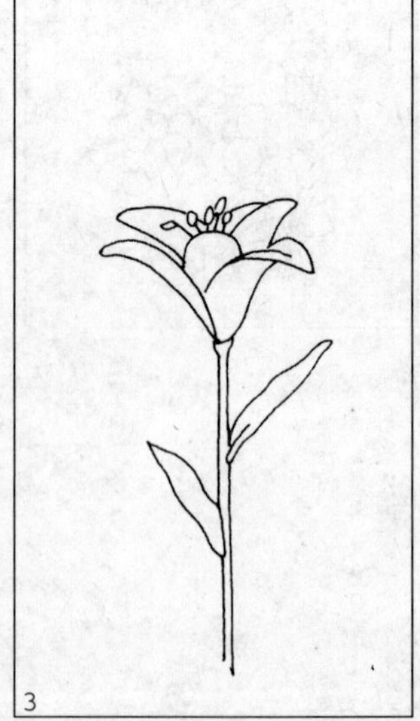

山茶花

1. 山茶花花芯细而密。
2. 花瓣顶部呈波浪形曲线。
3. 五片花瓣一朵花。
4. 花蕾造型工艺。
5. 叶子造型工艺。
6. 整枝山茶花造型。

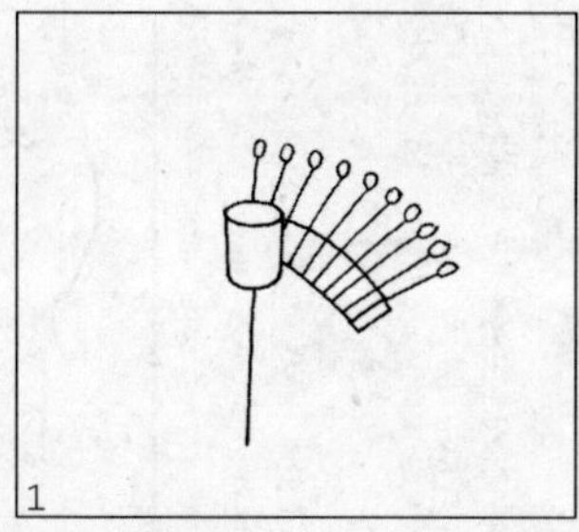

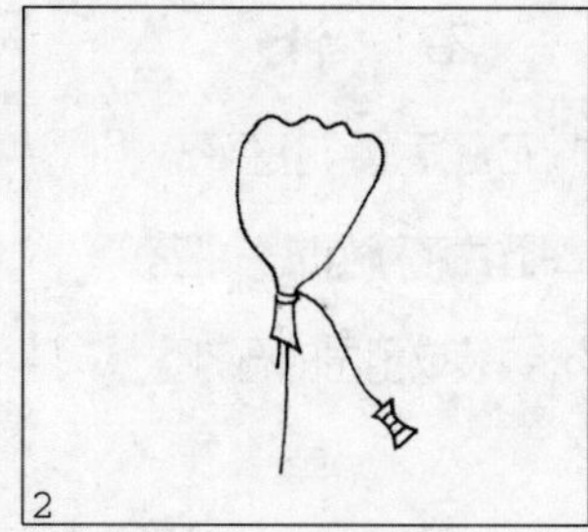

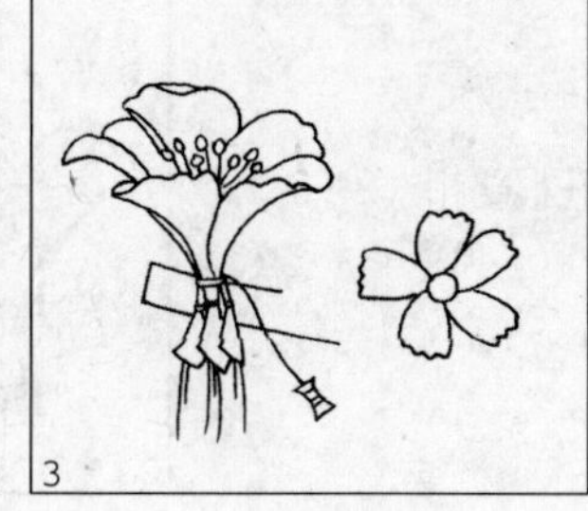

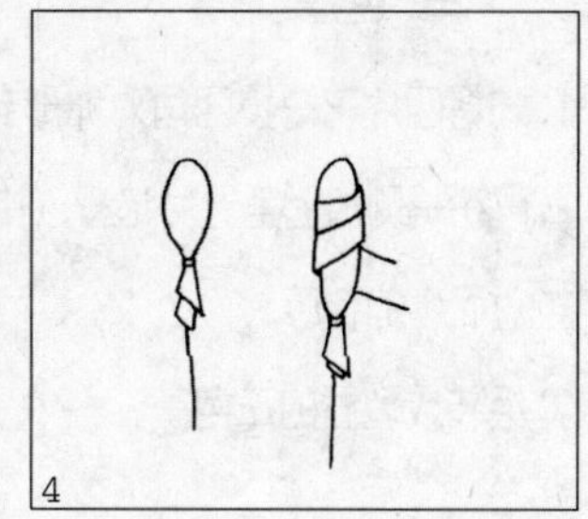

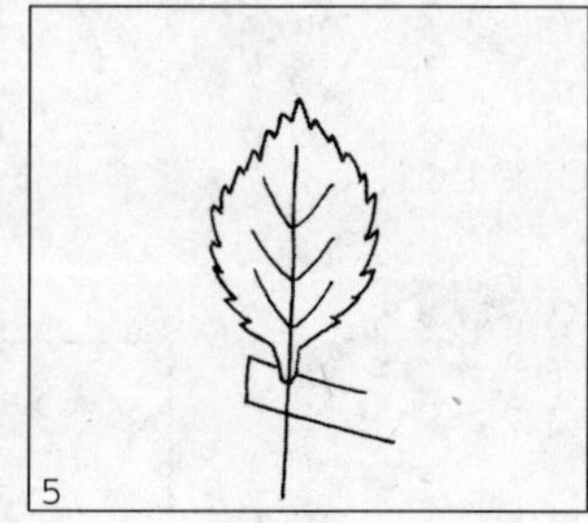

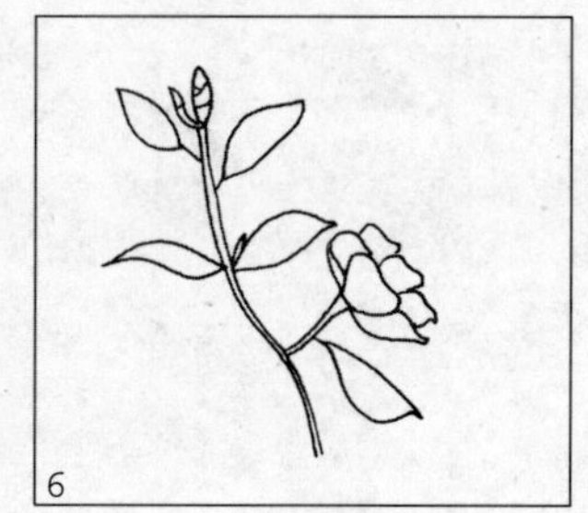

报春花

1. 花芯较少，三、四粒即可。
2. 花瓣顶部呈心形凹曲。
3. 五片组成一朵花。
4. 组装成型的报春花。花叶较大，成瓜叶状。

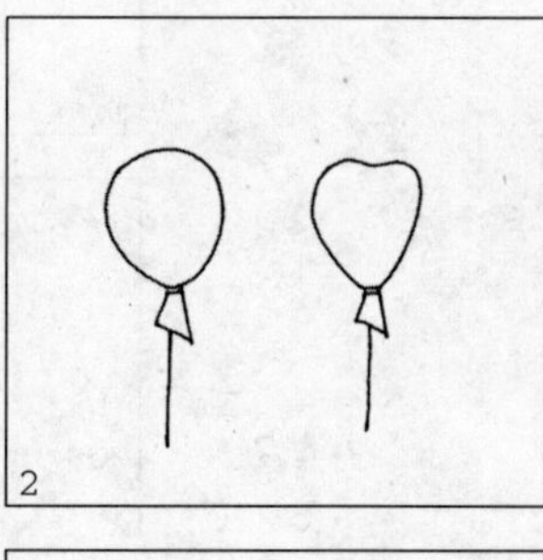

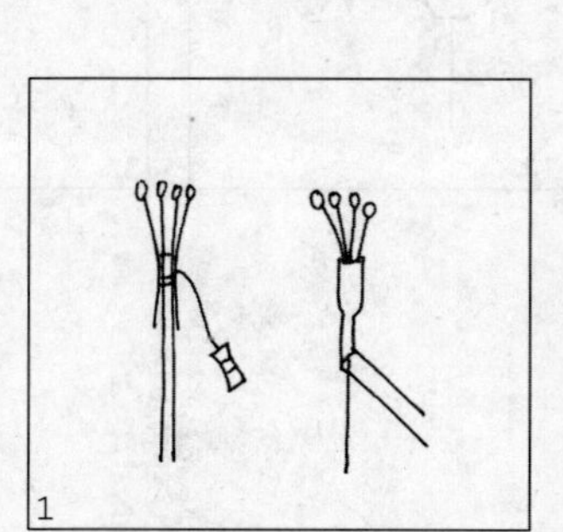

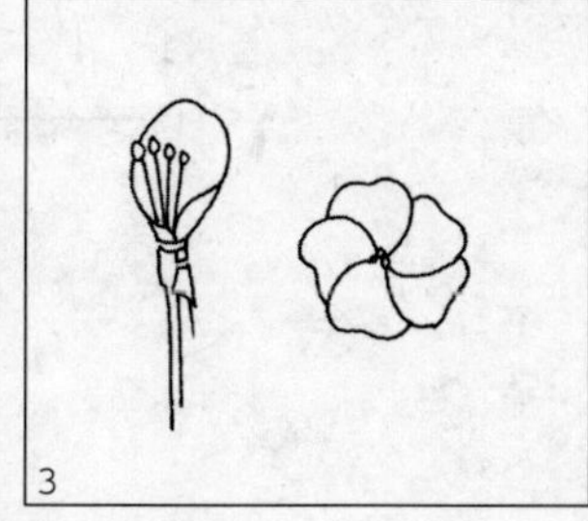

石　竹

1. 花瓣造型与山茶花较相似，花芯较少。

2. 五片花瓣组成一朵花。

3. 组装成型后的石竹。

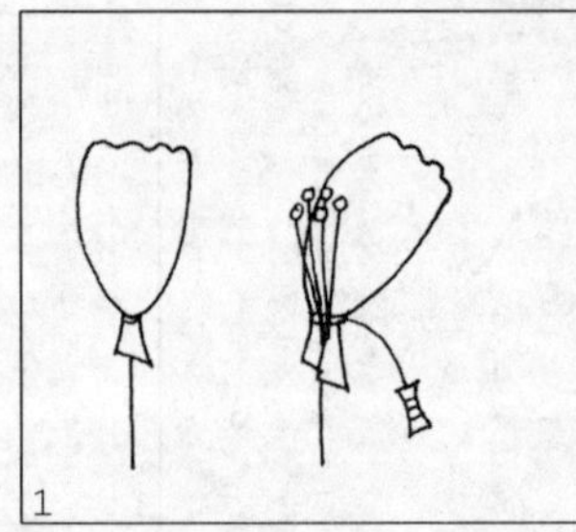

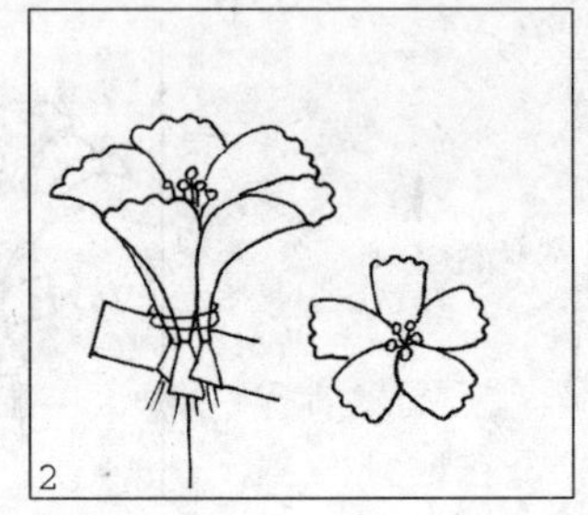

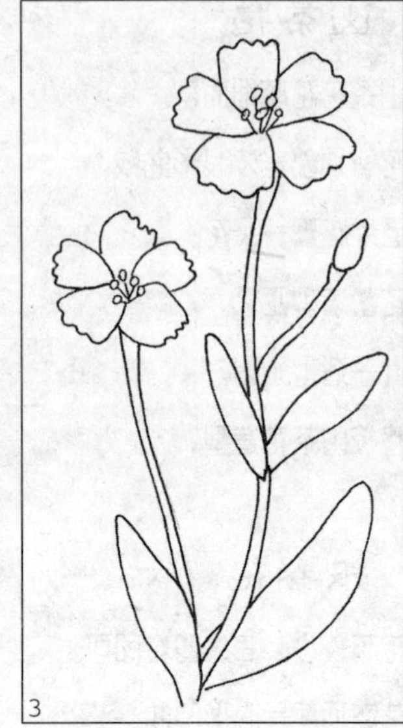

三色堇

1. 先将四片花瓣按四角对称形式结扎好。

2. 再在一侧加上第五片花瓣，并在根部扎人2~3粒短而小的花芯。

3. 组装成型后的三色堇。

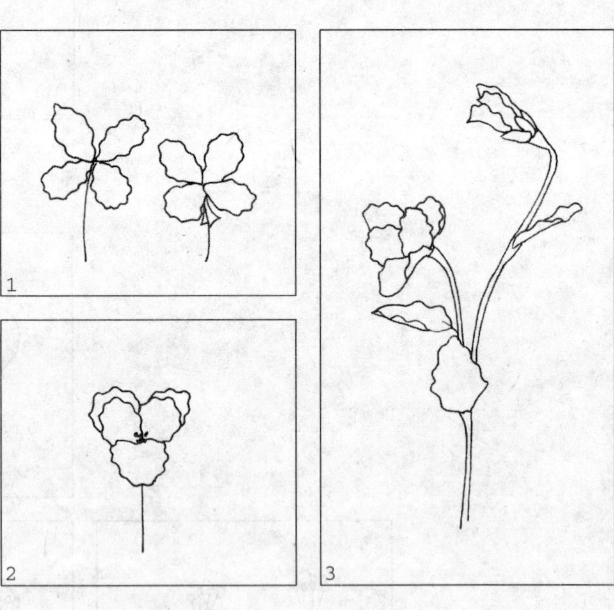

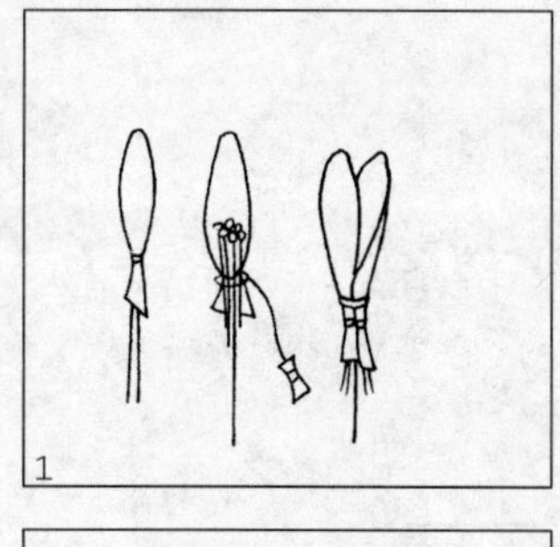
1

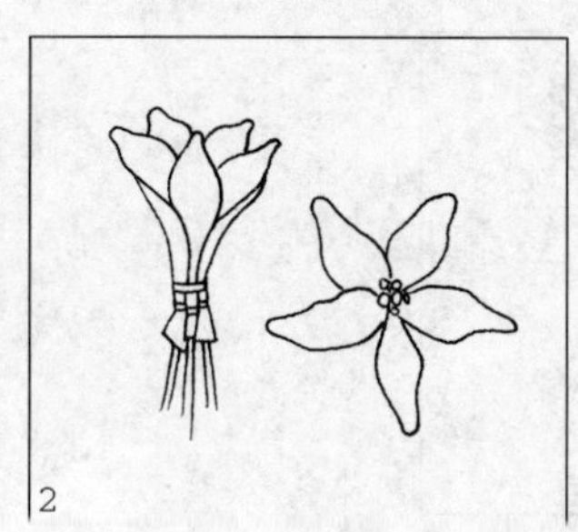
2

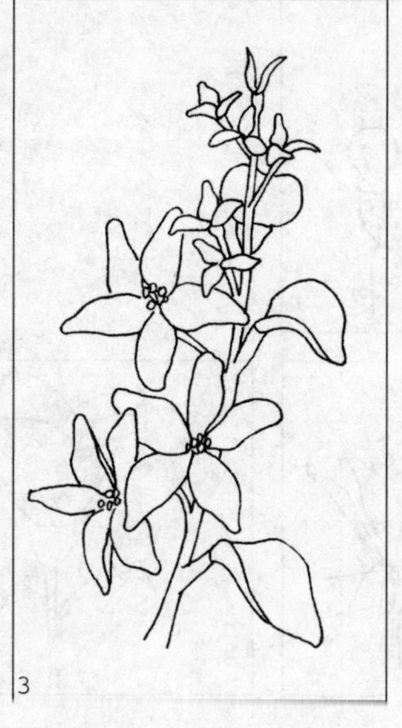
3

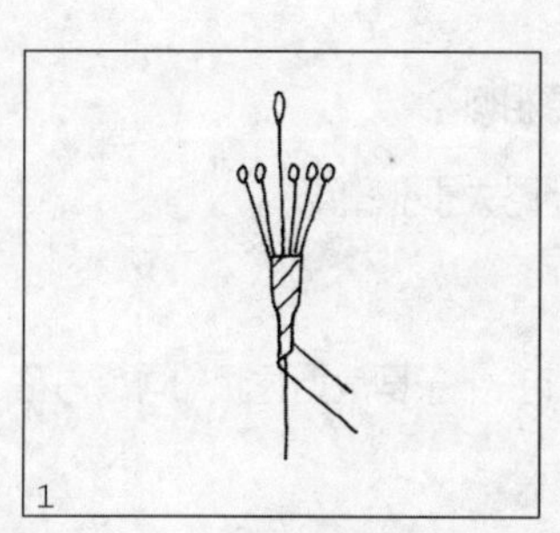
1

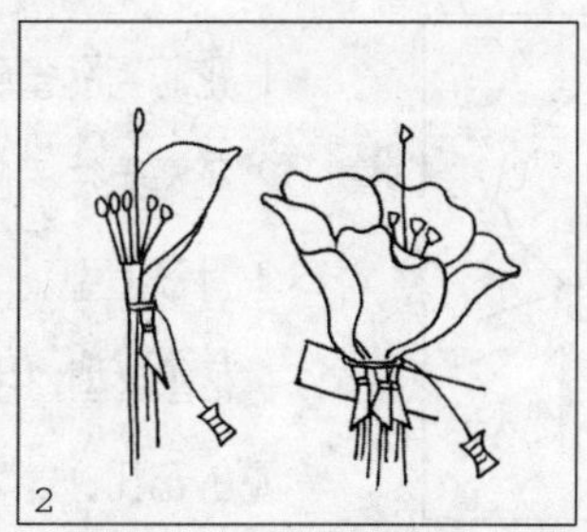
2

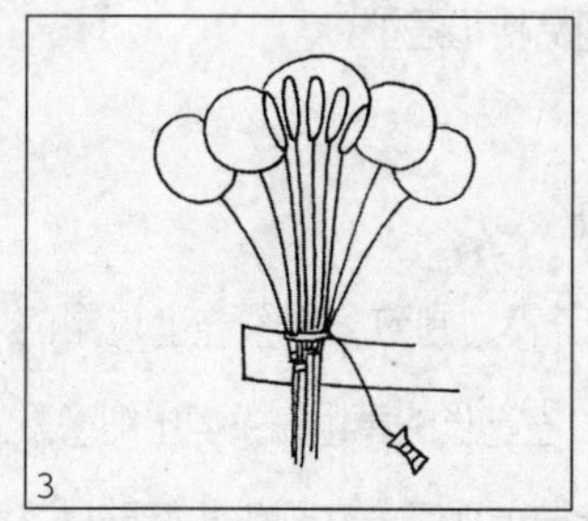
3

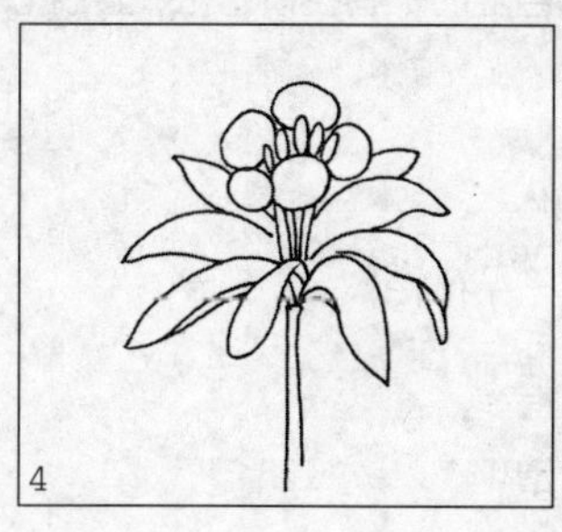
4

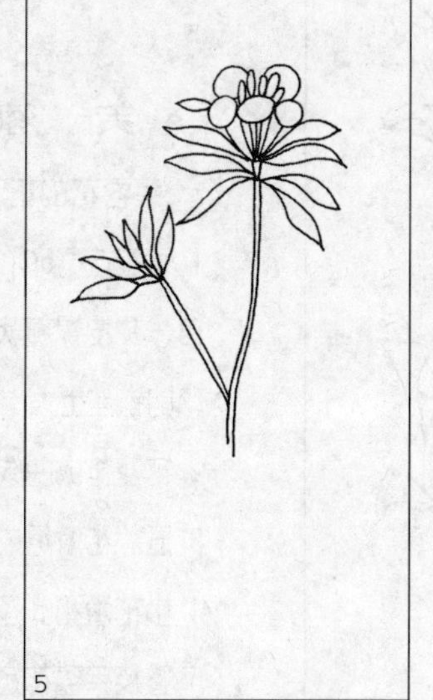
5

星星草

1. 星星草花芯小而少，约四、五粒。

2. 五片一朵花，成五角星状。

3. 组装成型后的星星草。

孔雀草

1. 孔雀草共有6根花蕊。正中央1根是雌蕊，其余5根为雄蕊。

2. 五片花瓣组成一朵花。

3. 中间五粒小长花蕾可用绉纹纸卷出。

4. 孔雀草的特点是多花从生成球状，有的可作成五朵花一组，有的七朵花一组，均可。紧挨花球根部一圈是尖叶。

5. 整枝孔雀草造型。

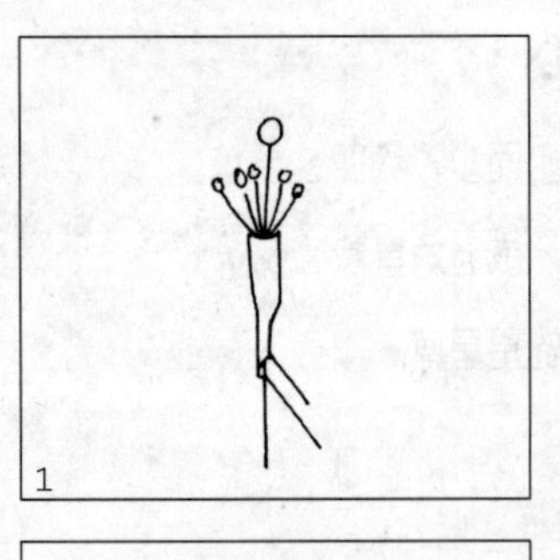

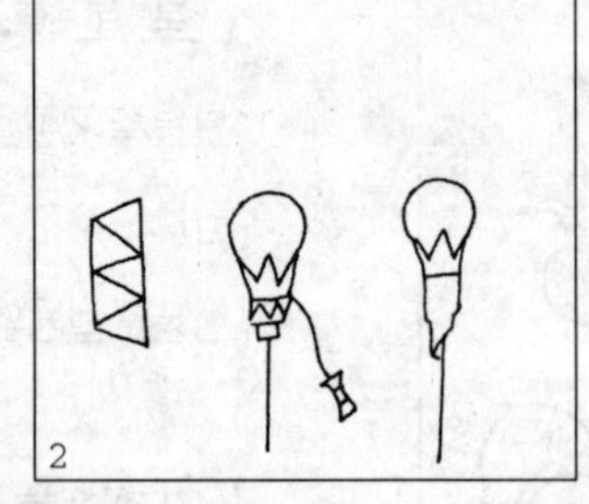

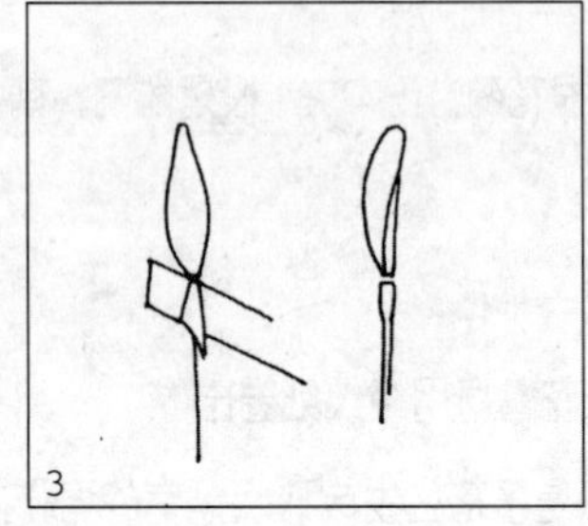

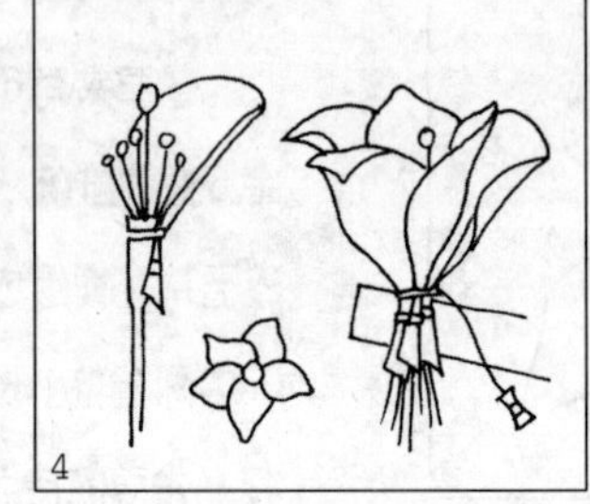

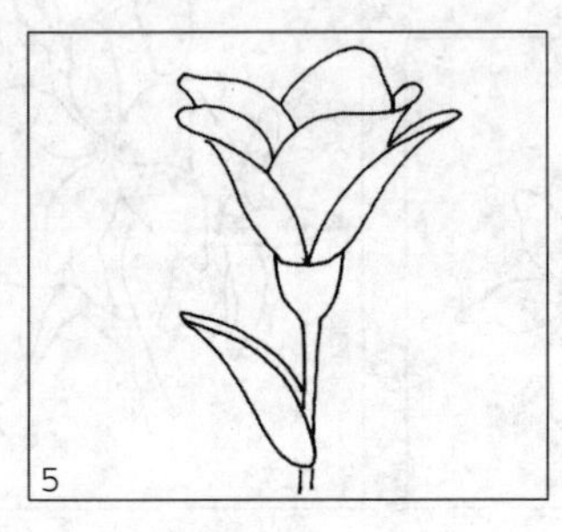

桔梗花

1. 花芯与孔雀草相似。

2. 花瓣五片，但略大于孔雀草。

3. 叶子造型。

4. 花蕾造型，用布、纸条剪成锯齿状即可成为花蕾的花托。

5. 组装成型后的桔梗花造型。

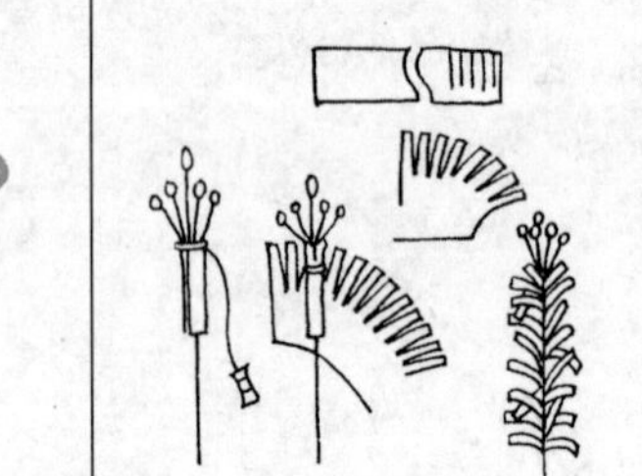

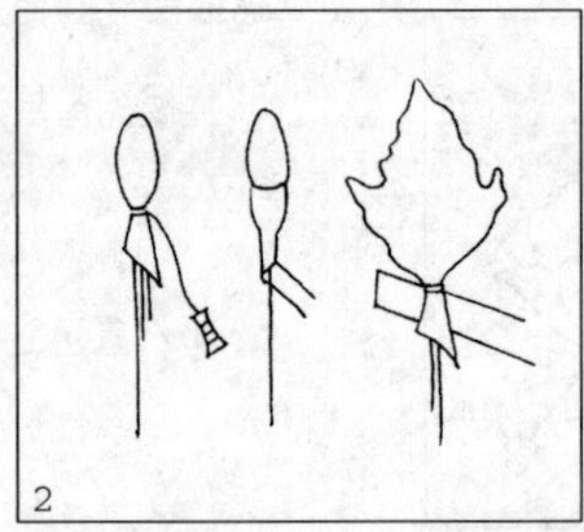

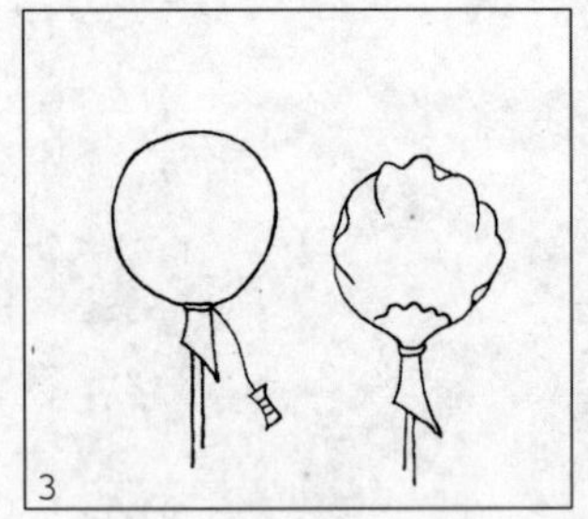

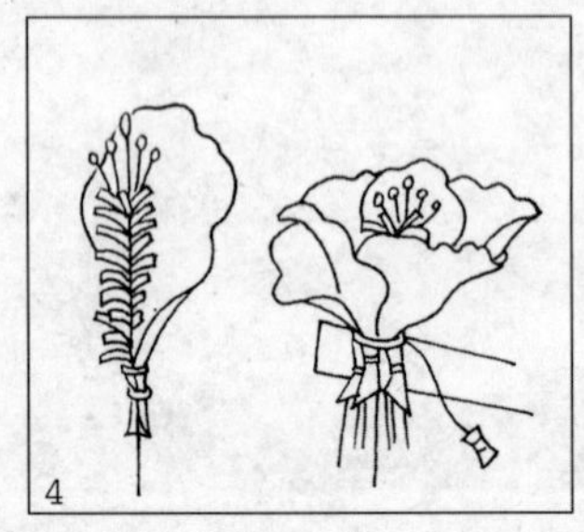

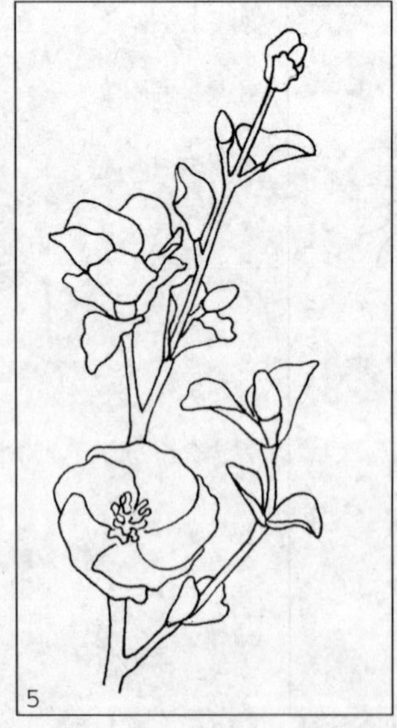

芙　蓉

1. 芙蓉花的花芯较为别致。将预先上过浆的1cm左右宽5CM左右长的黄色布条剪出细密刀口，并按螺旋状自上而下卷在预先扎好五根花蕊的铁丝上。

2. 花瓣作成曲线状。

3. 五片花瓣组成一朵花。

4. 小花蕾和叶子造型。

5. 整枝芙蓉花造型。

君子兰

1. 用三根细花蕊对折并结扎成花芯。

2. 六片花瓣组成一朵花。

3. 整枝君子兰造型。

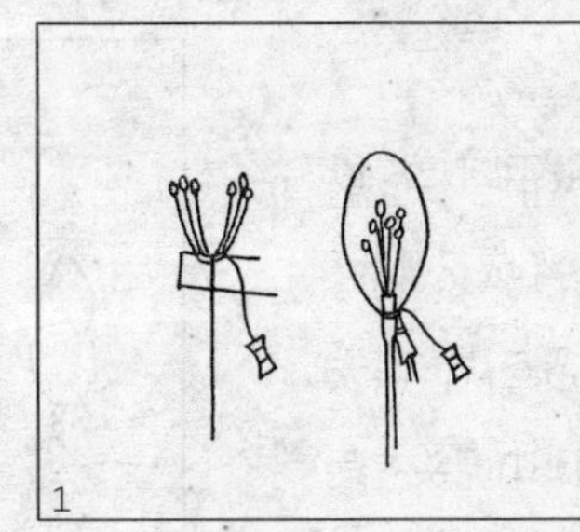

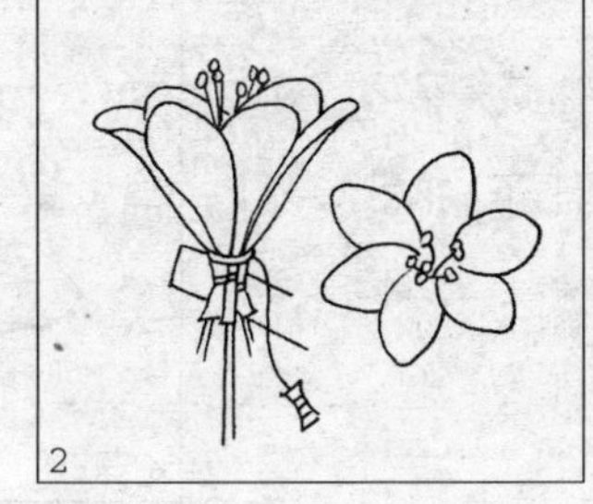

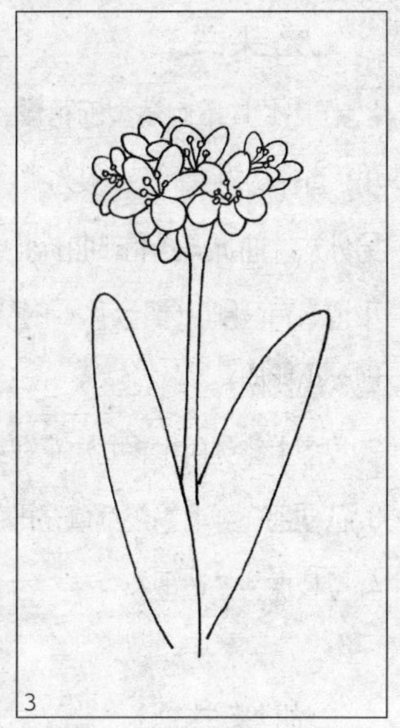

石斛兰

1. 分别作出两种不同造型的花瓣，波浪形三片，略大些；另外三片略小些。

2. 按图上排列所示将预先作好的小花蕊和六片花瓣组合成一朵花。

3. 在梗部卷上填充绉纸后包上布、纸带。

4. 整枝石斛兰造型。

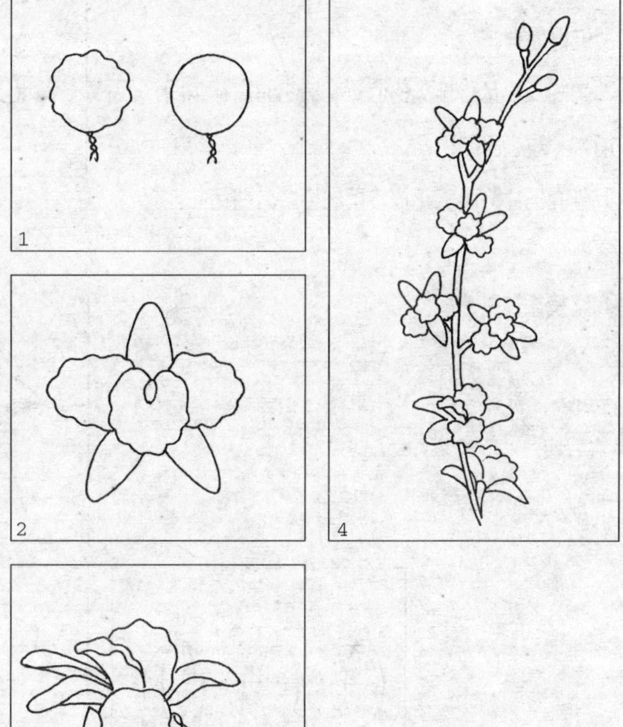

虎头兰

1. 作出七片不同造型的花瓣。最中间一片最小，直径约为1cm，一般为黄色，作成花蕊状。另外六片曲折弧线和非曲折弧线各三片，其大小也略有区别。(请参考《花艺篇》中虎头兰造型大小比例)。

2. 按图上排列所示将七片花瓣结扎成一朵花。

3. 花梗部先缠上绉纹纸填充再包上布、纸带。

4. 整枝虎头兰造型。

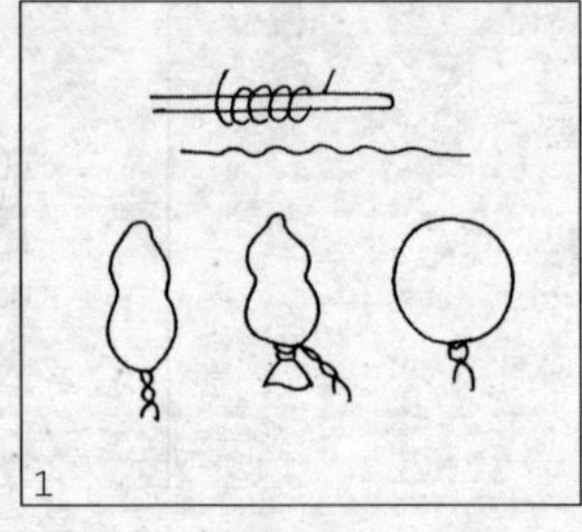

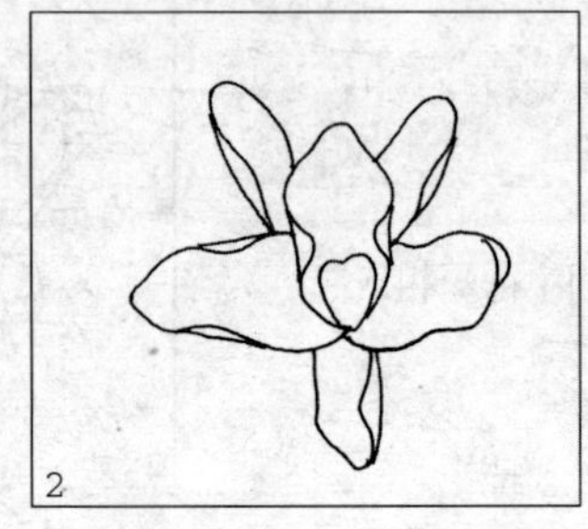

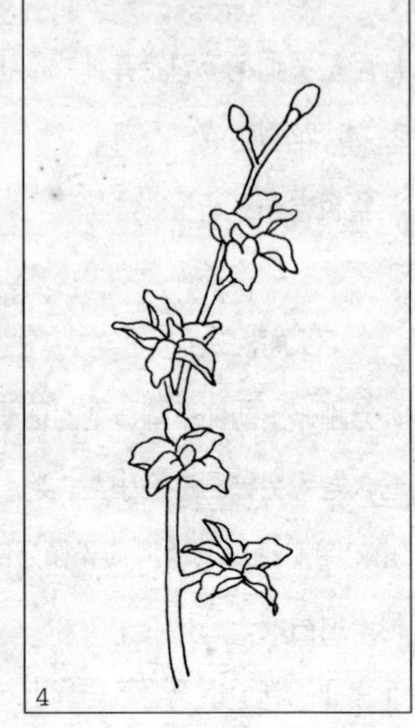

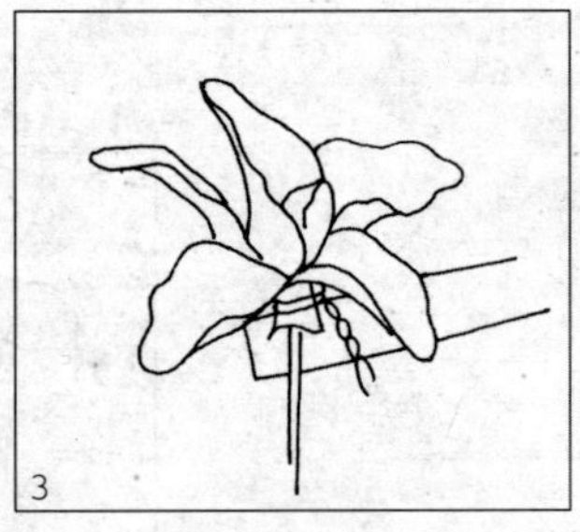

蝴蝶兰

1. 先作好6片花瓣的线圈。三片大三片小。对三片大的中间一片需按图上所示在网丝时对顶部进行处理。

2. 中间三片花瓣排列的位置。结扎时需在中间加入一短小自制花蕊。

3. 外面三片略小的花瓣接前后位置分头结扎上去。

4. 整枝蝴蝶兰造型。

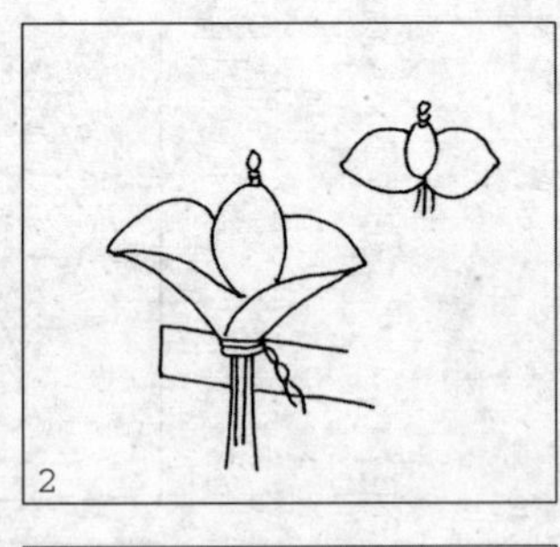

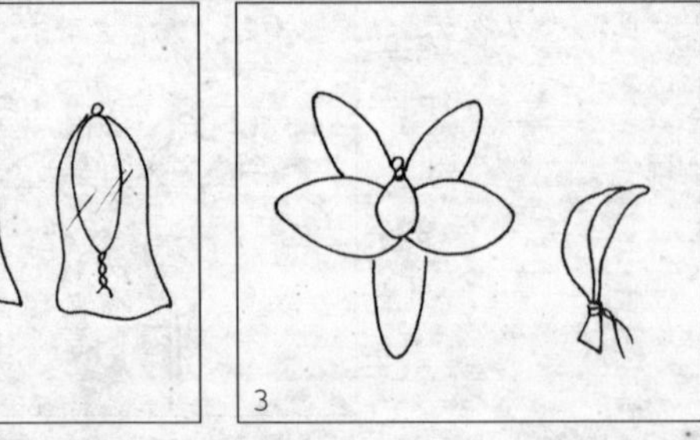

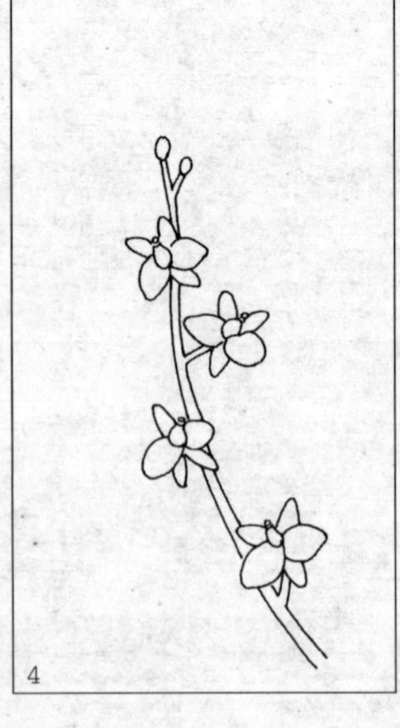

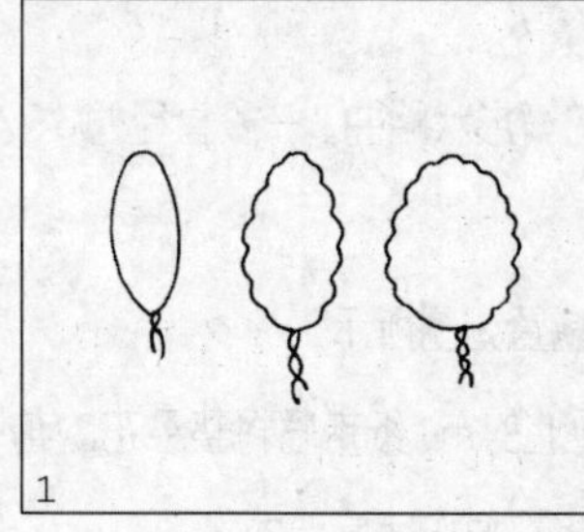

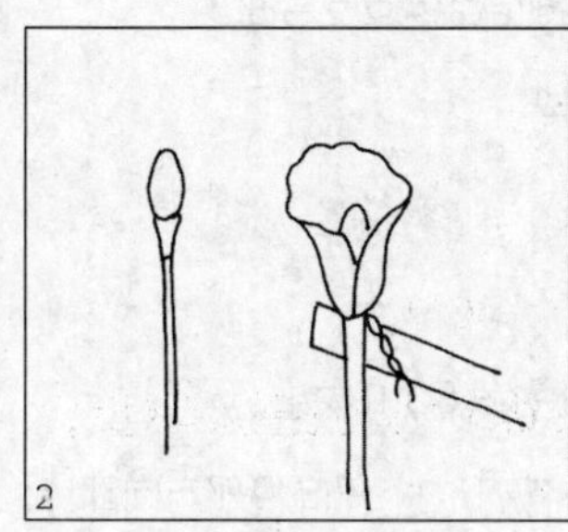

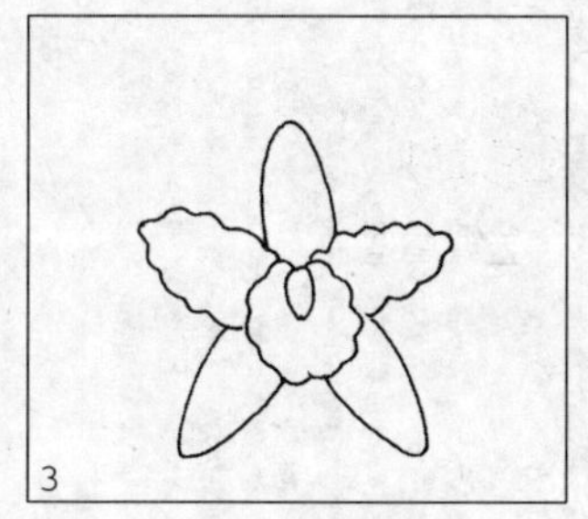

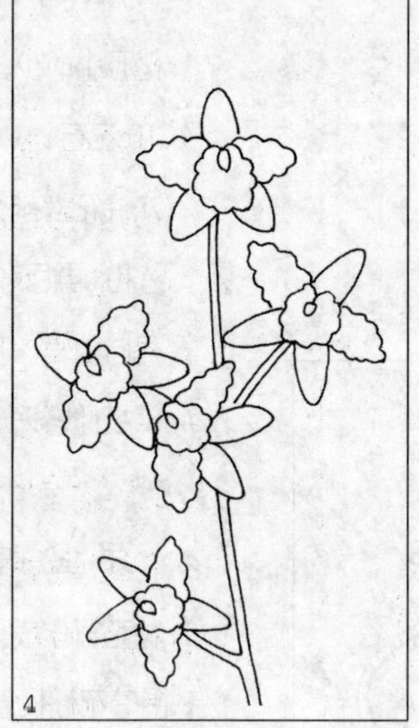

嘉特里兰

1. 先作出六片花瓣。其中三片略大些的带波浪形。
2. 花蕊用绉纸卷出后与花瓣组装。
3. 六片花瓣的位置。
4. 组装成型后的嘉特里兰造型。

香雪兰

1. 香雪兰一般有五粒小花蕊。
2. 先结扎内层三片花瓣。
3. 再结扎外层三片花瓣。
4. 组装成型。

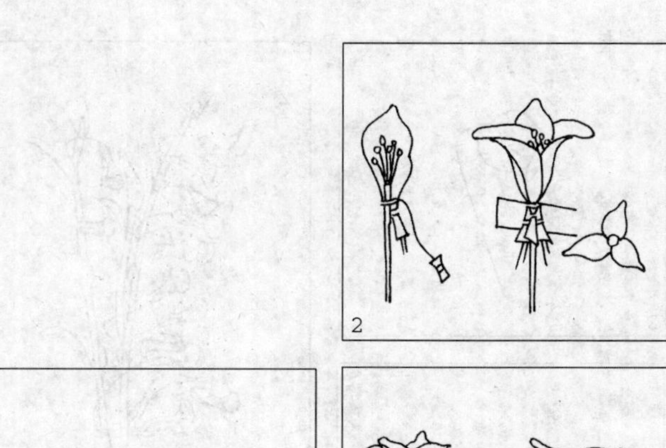

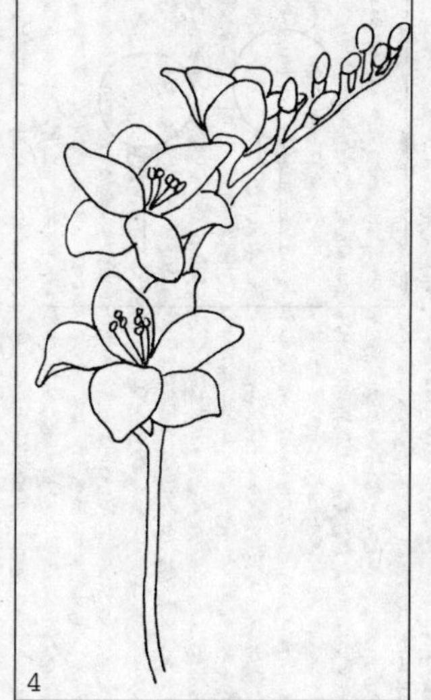

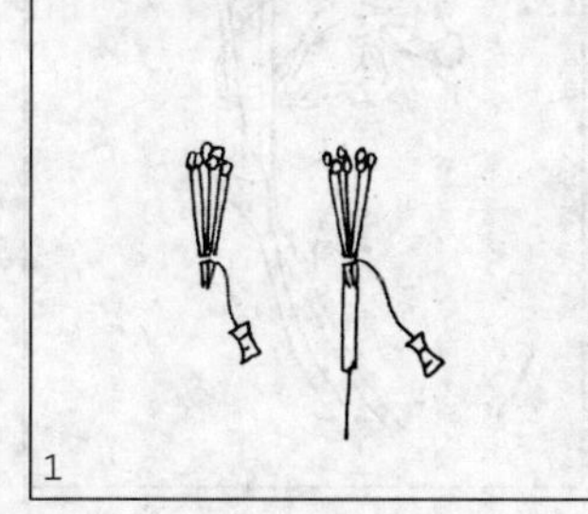

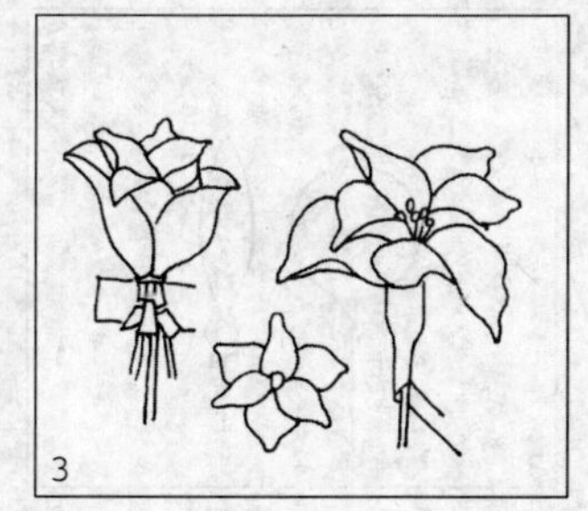

仙客來

1.花芯小而少，花瓣形状略曲，一般直径为3～4cm左右。

2.六片花瓣排列位置如图所示。

3.结扎，再包好梗上的布、纸带后将整朵花的花瓣向后翻转，并将花梗作适度弯曲。

4.单枝仙客来造型。

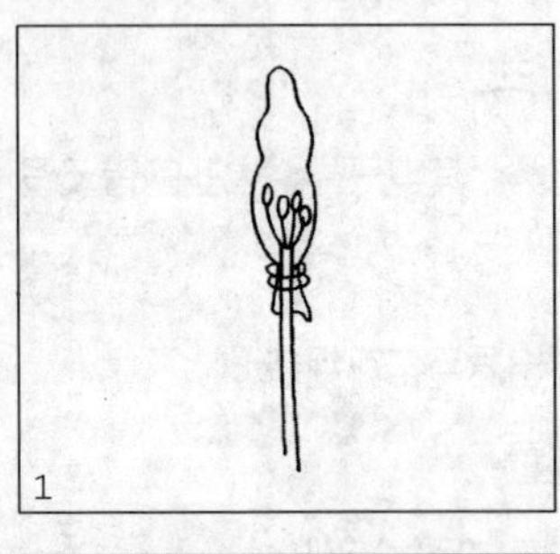

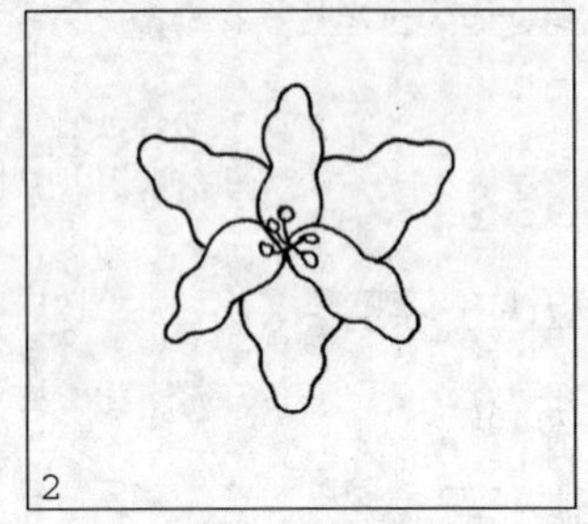

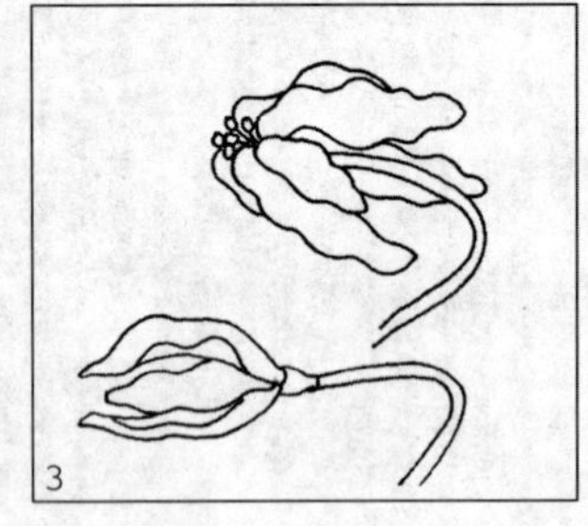

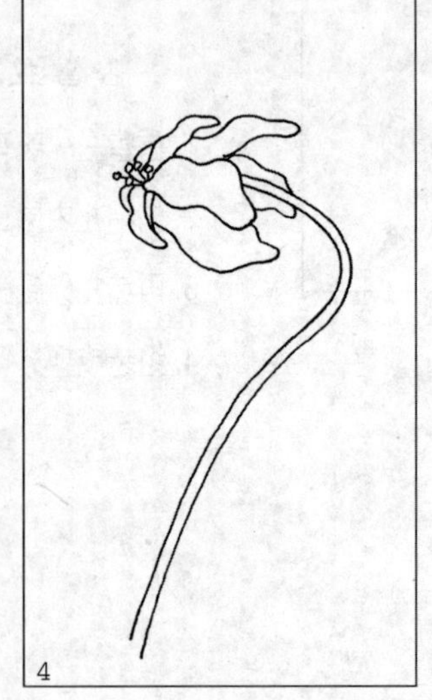

吊金钟

1.将花瓣作成直径4～5cm大小。

2.围着花瓣根部将花瓣的上部向根部方向翻转，并组成一吊钟形。

3.叶子造型。

4.组装成型后的吊金钟造型。

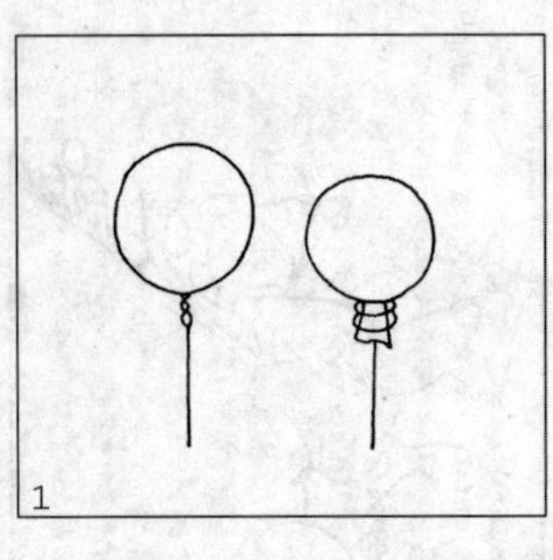

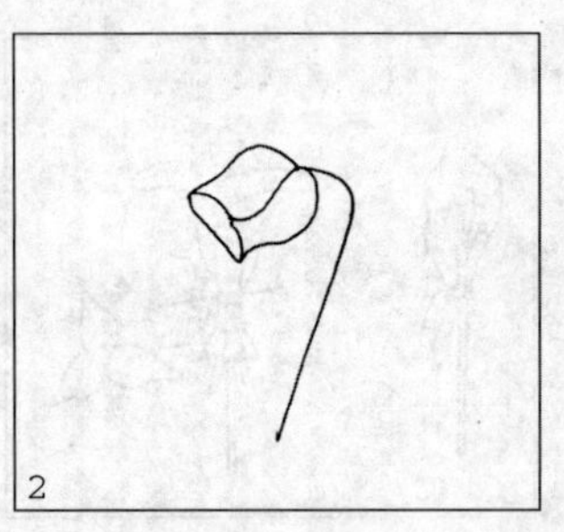

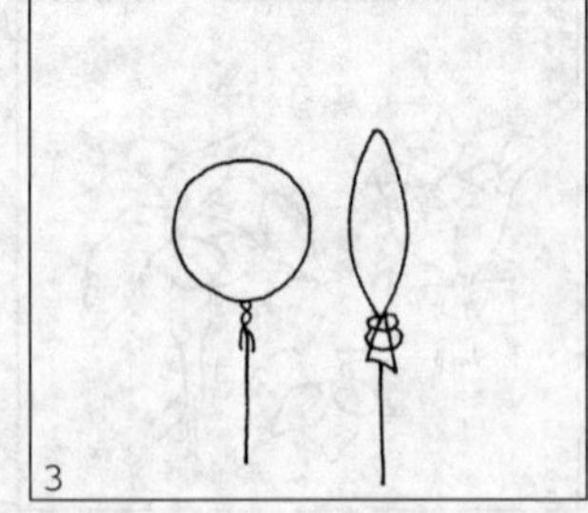

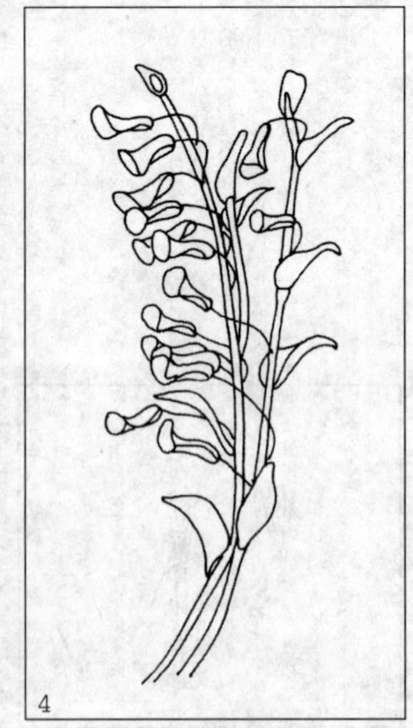

郁金香

1. 用六粒小花蕊作成花芯，并在中间嵌入像霞草那样的三片型的小花一朵，用纸带包好根部。

2. 先结扎好内层的三片花瓣。内层花片略小些，约比外层花瓣直径小 0.5cm。

3. 再结扎外层的三片花瓣，然后对根部和花梗进行处理。

4. 郁金香成品造型。

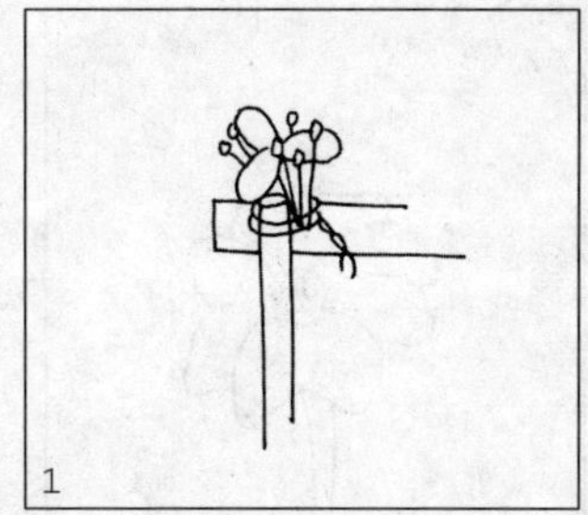
1

2

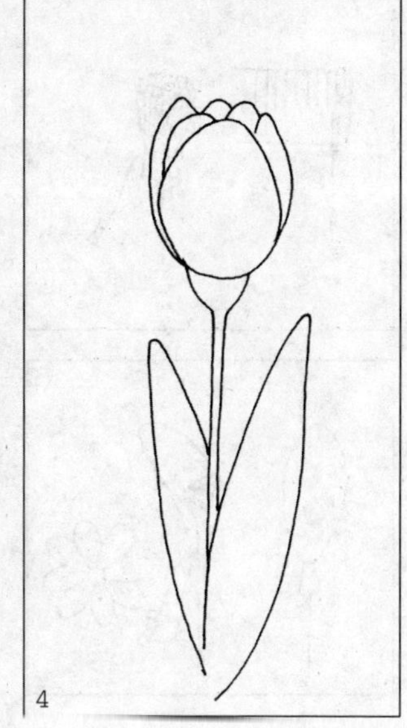
4

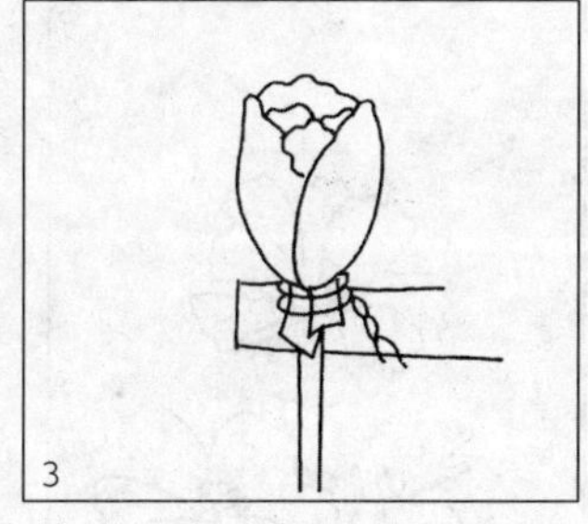
3

罂粟花

1.按图上所示将众多细小花蕊分布在铁丝四周，并结扎成放射状。

2. 花瓣造型，每片直径约为 4 ~ 5cm。

3. 花瓣共六片，并按图上所示结扎。

4. 成型后的罂粟花正反面造型。

2

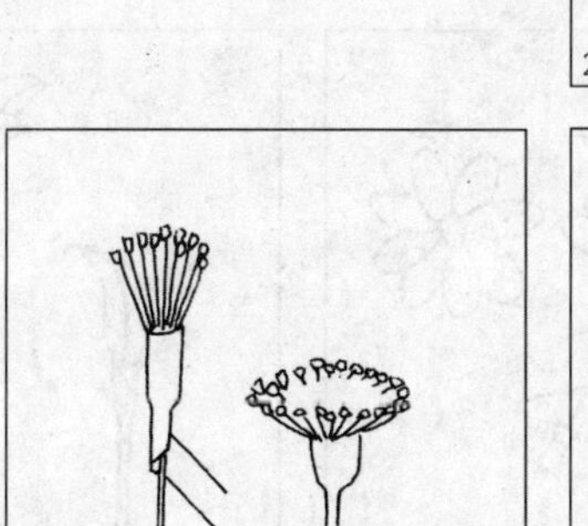
1

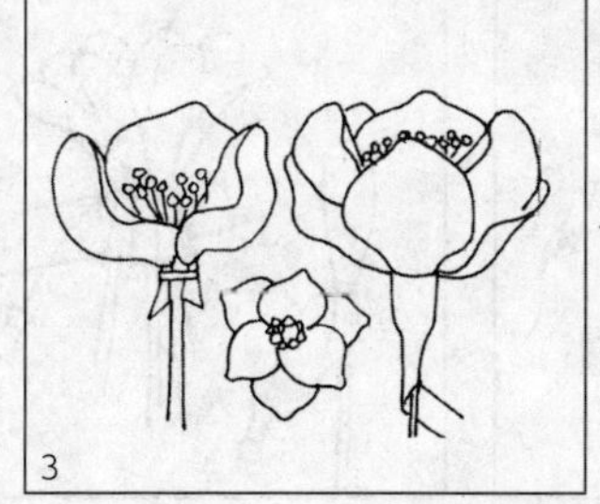
3

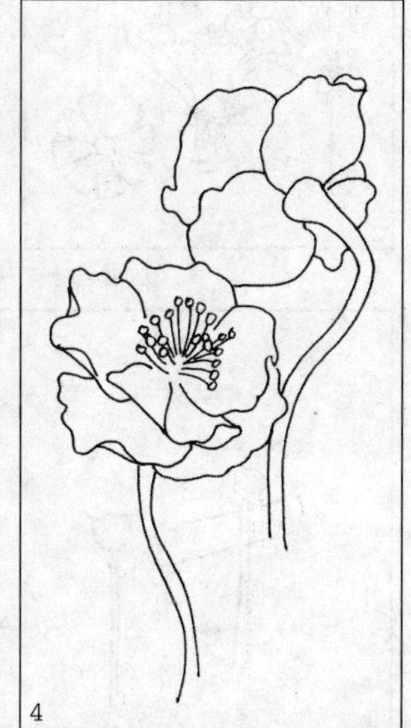
4

春 菊

1. 花芯用宽2cm、长10cm的黄色布条（上过浆）剪出细密刀口后卷盘而成。

2. 依次将8片花瓣结扎成一朵花。

3. 成型后的春菊造型。

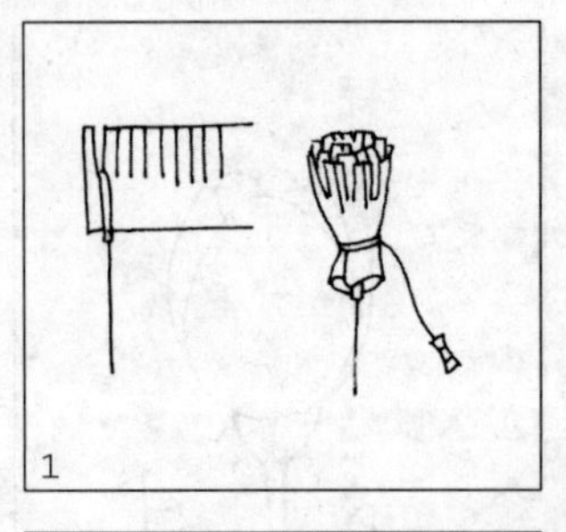

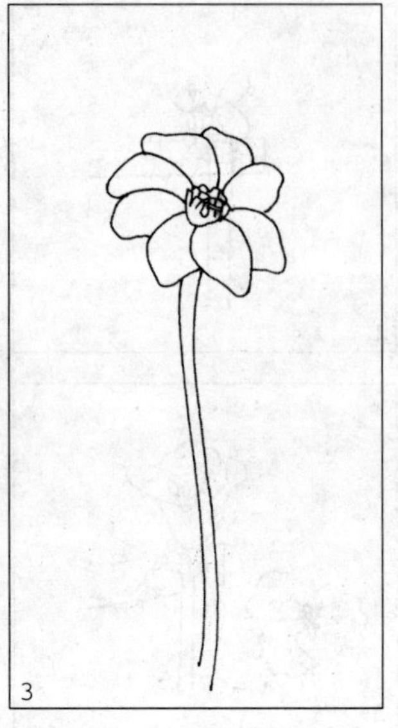

波斯菊

1. 花瓣顶部呈波浪形曲线。

2. 花芯由若干细小花蕊组成，依次将八片花瓣组成一朵花。

3. 成型后的波斯菊造型。

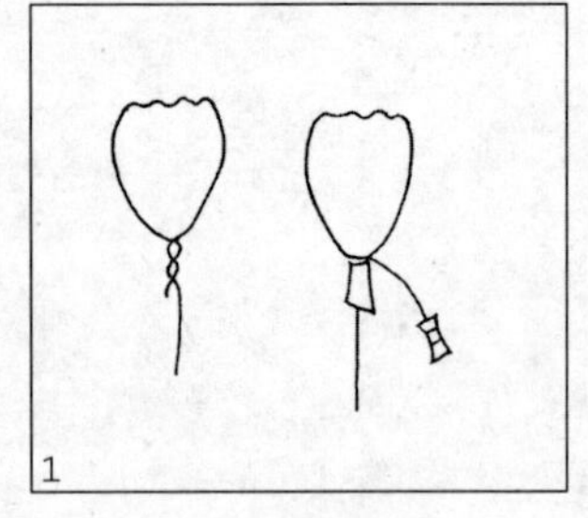

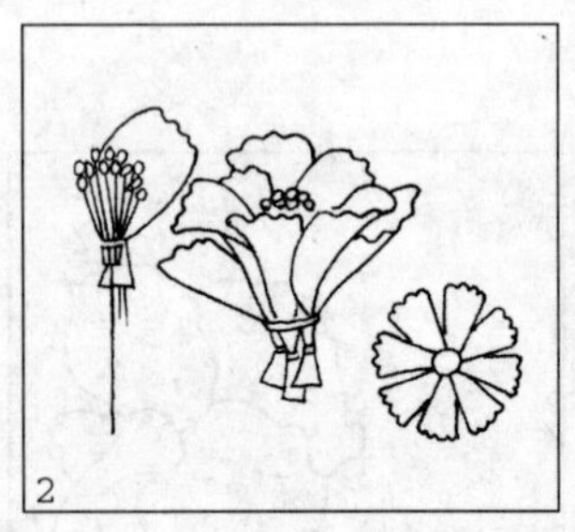

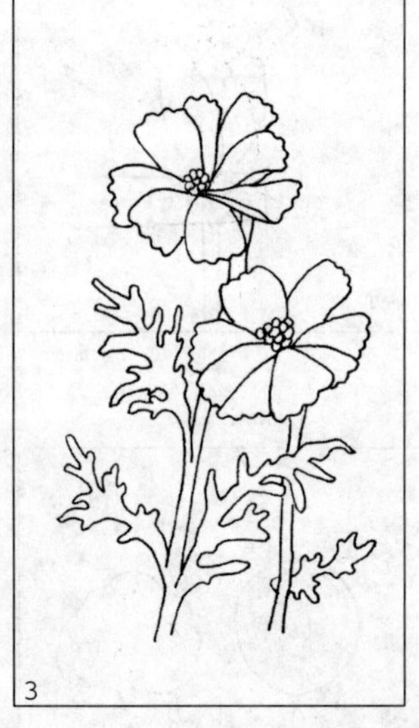

秋 菊

1. 用布或棉花（需染色处理过）作出花芯。

2. 依次将八片花瓣结扎成一朵花。

3. 组装叶子的方法。

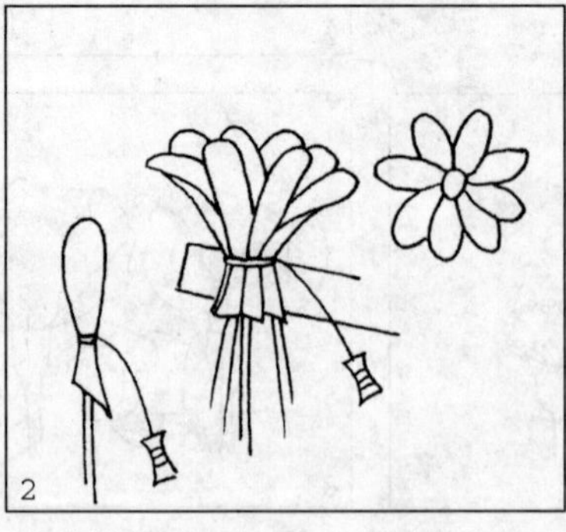

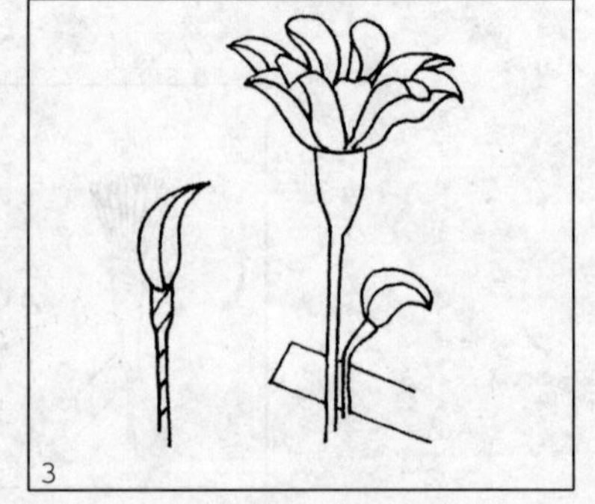

球牡丹

1. 球牡丹花芯中央有一小平园头，其余同罂粟花。

2. 依次将八片花瓣组成一朵花。

3. 球牡丹叶子造型。

4. 成型后的球牡丹造型。

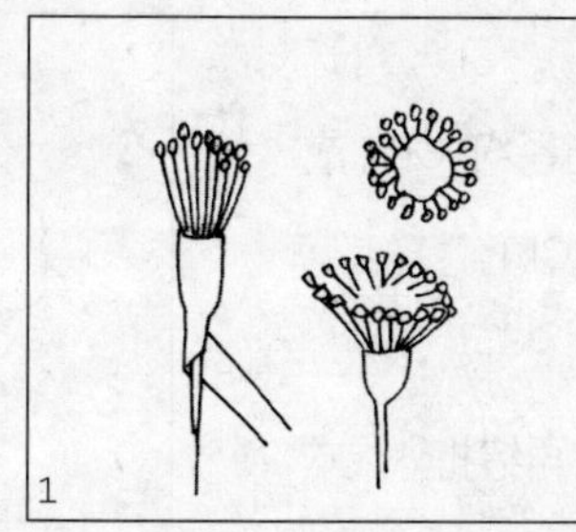

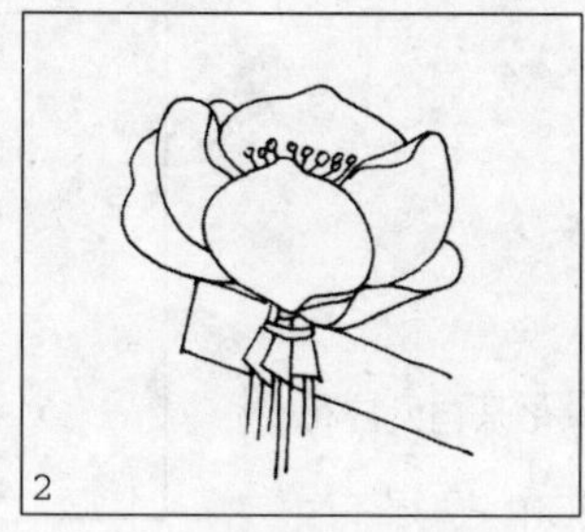

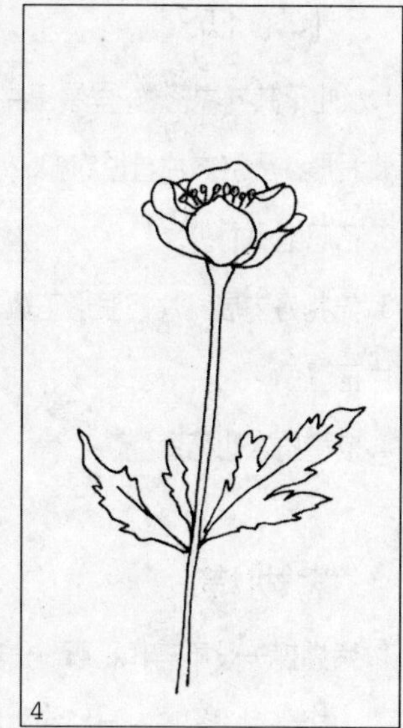

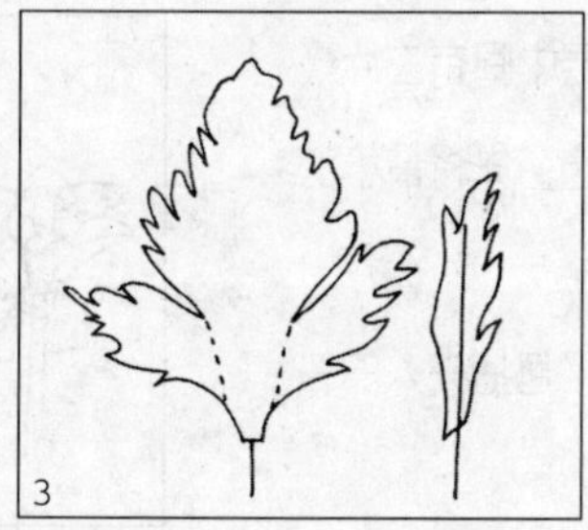

铁线莲

1. 铁线莲花芯与罂粟花花芯大体相似。

2. 依次将八片花瓣组装成一朵花。

3. 铁线莲的叶子造型。

4. 成型后的铁线莲造型。

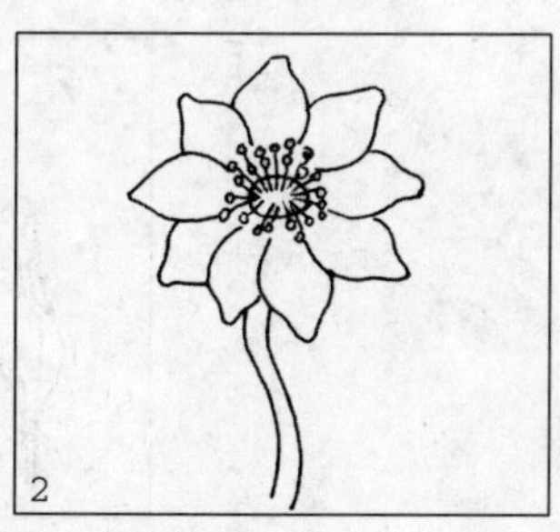

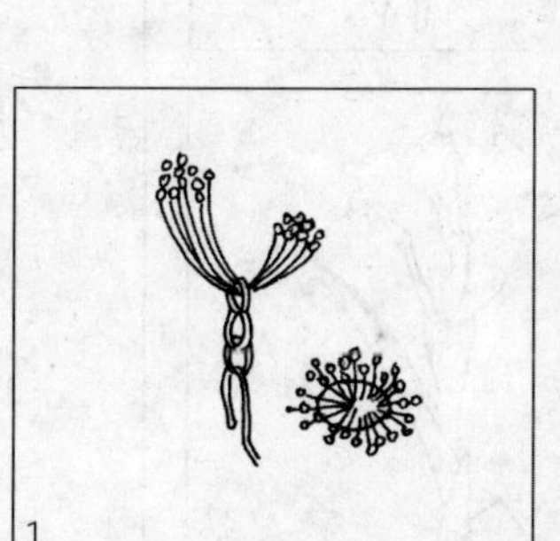

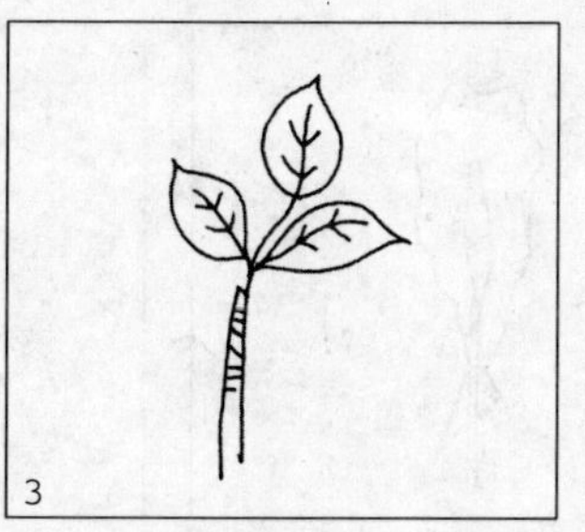

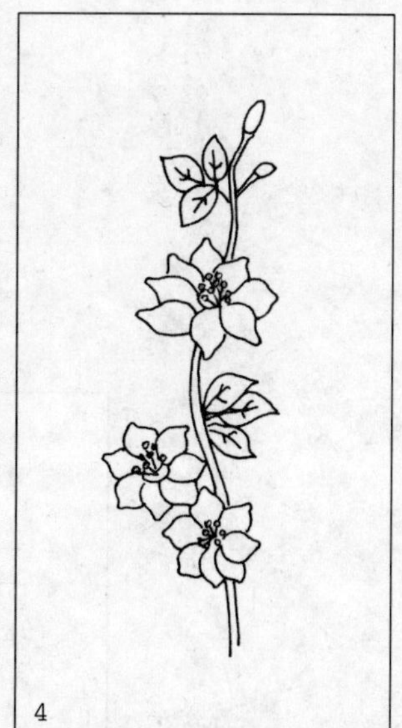

水　仙

1.水仙花共九片花瓣，里层三片直径约1cm，成波浪形，外层六片直径约1.5～2cm。

2.花芯细小而少。

3.先扎好内层三片波浪形花瓣，再结扎外层六片花瓣。

4.成型后水仙花造型。

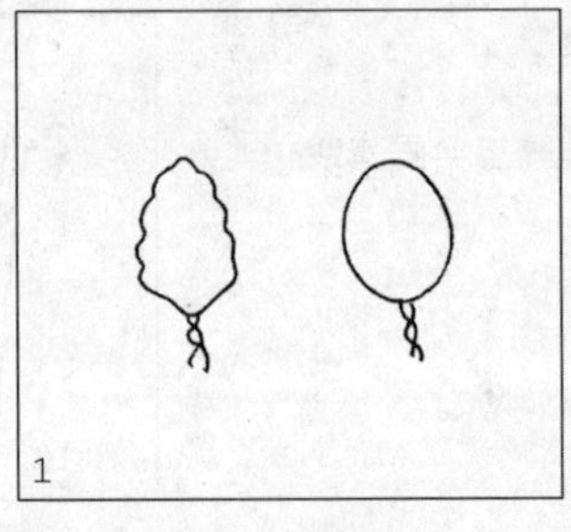

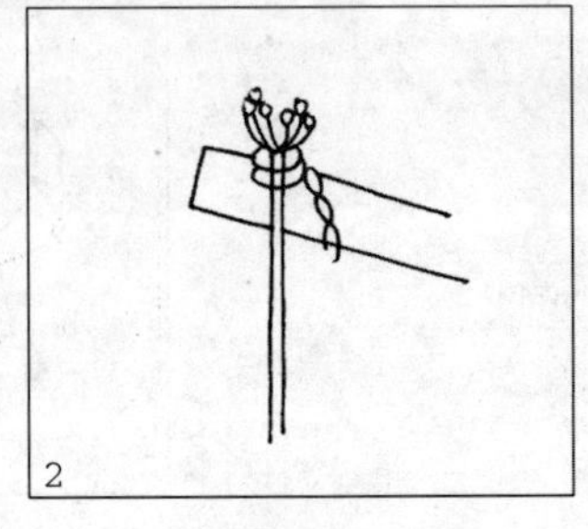

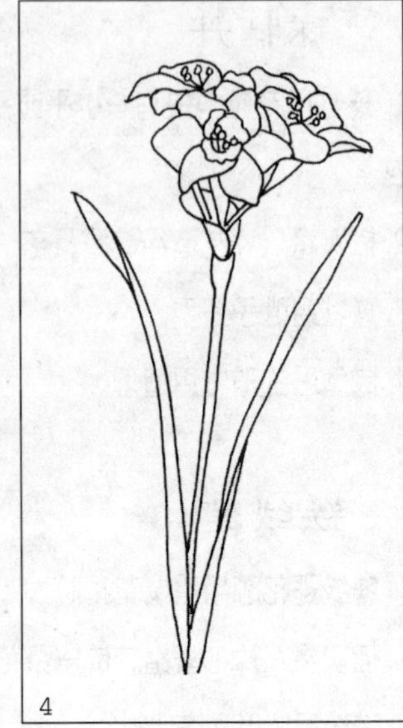

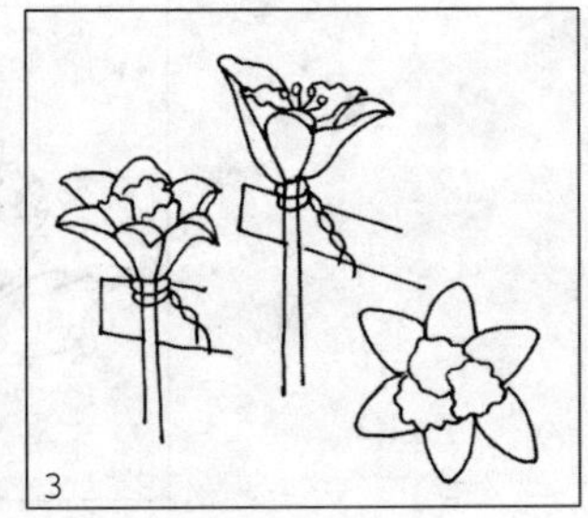

紫蝴蝶

1.紫蝴蝶一般不需作花芯。一朵花共有九片花瓣。内层三片略小，直径约为3cm。外层三片最大，直径约为4cm。在内外层中间有三片最小的花瓣，直径约为1.5cm左右。先将最小的和最大的各一片重叠组合结扎好。

2.先扎内层三片，再扎外层三片（包括夹人的三小片）

3.在紧靠花的根部扎上一片嫩叶。

4.成型后的紫蝴蝶造型。

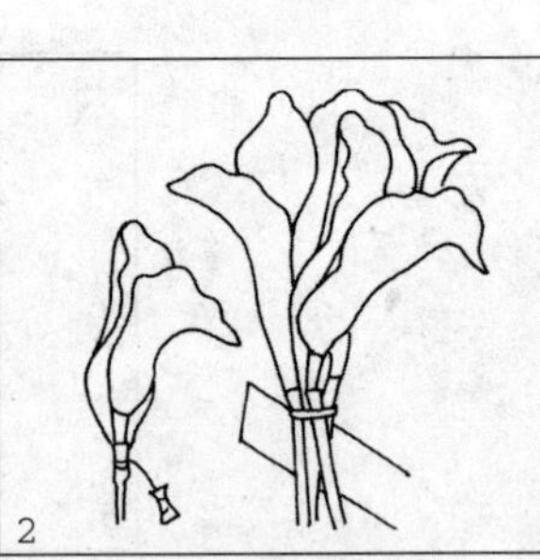

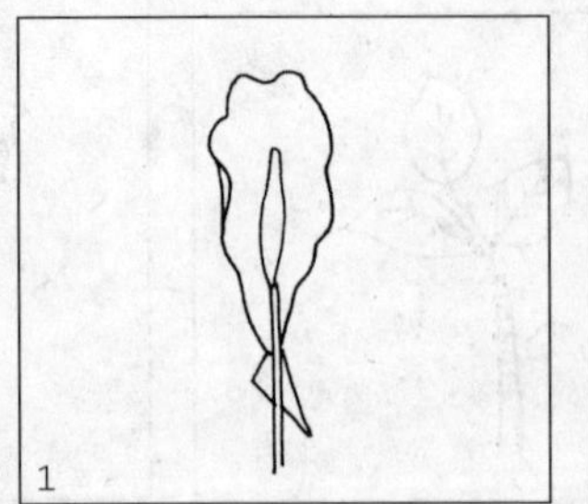

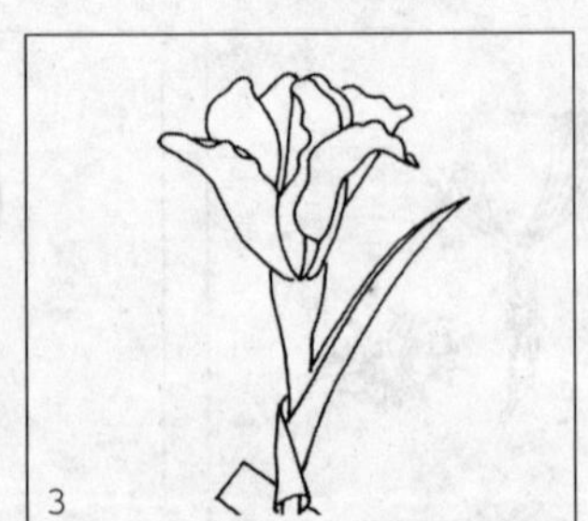

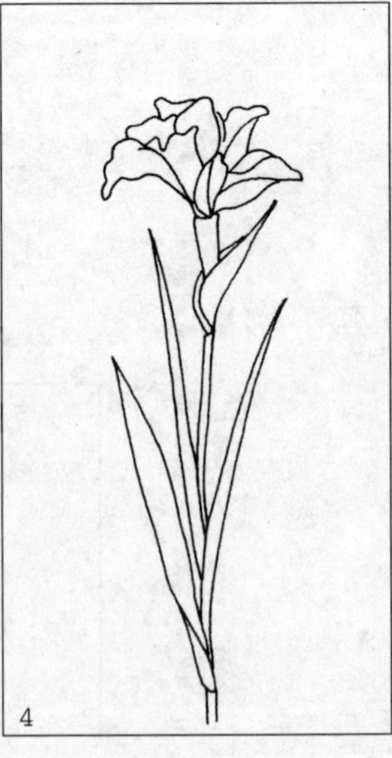

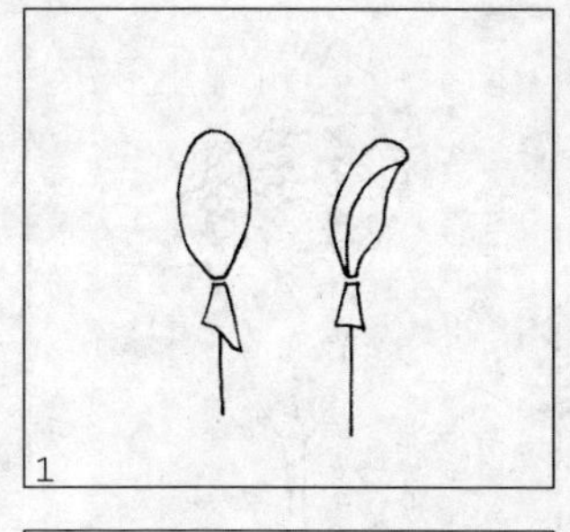

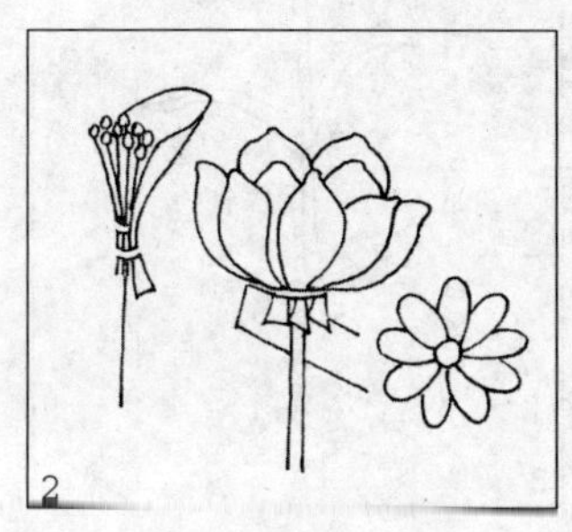

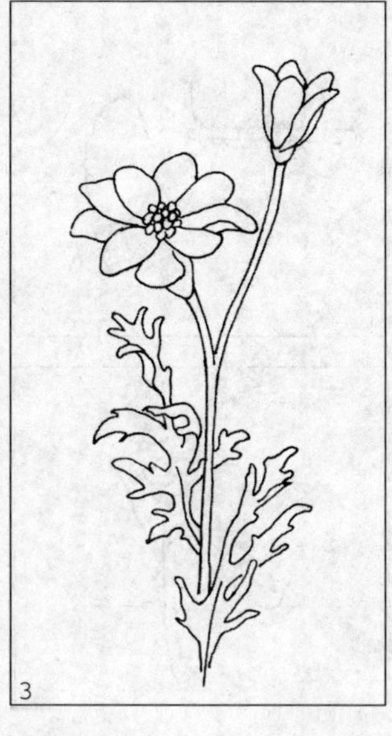

野山菊

1. 作九片似尖叶状的小花瓣，直径约为2cm。

2. 依次结扎成一圈。注意不要扎成内外层。

3 野山菊成品造型。

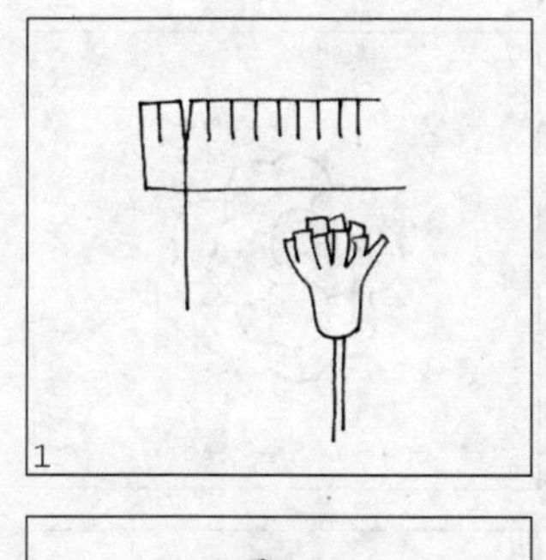

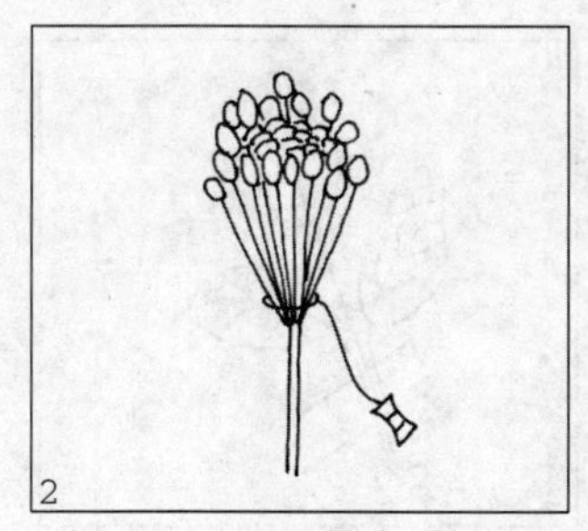

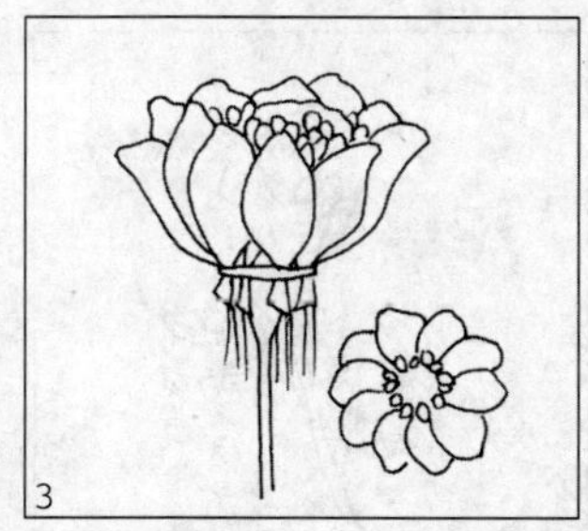

非洲菊

1. 先用布条卷成1.5~2cm直径的花芯。

2. 再围着此花芯结扎一圈花蕊。

3. 依次将十片花瓣组装成一朵花。

4. 单枝非洲菊造型。

康乃馨

1. 康乃馨花瓣的线圈必须事先作成波浪形。

2. 共八九片，依次结扎成型。

3. 康乃馨示意图。

玫　瑰

1. 先用棉花或绉纸作成花蕾。

2. 内层按图所示围着花蕾扎入花瓣。

3. 内层约有三、四片花瓣。

4. 外层五片，直径稍大些。亦可扎入三片，然后再在外层扎入五片更大直径的花瓣。

5. 叶子造型。

6. 玫瑰花示意图。

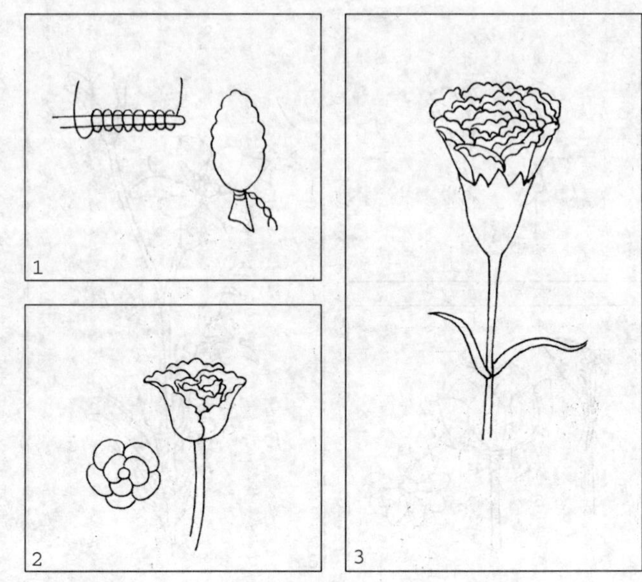

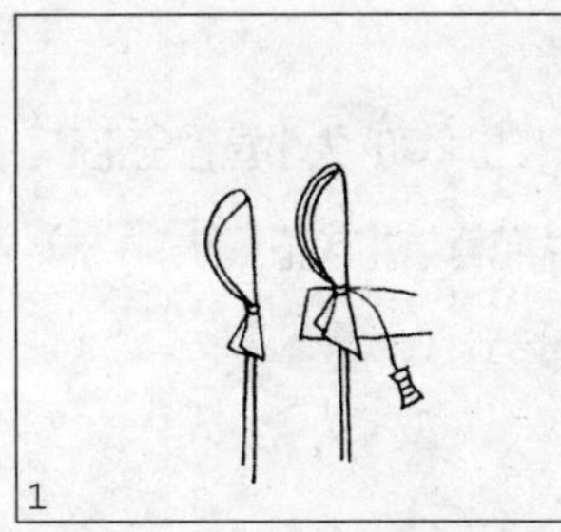

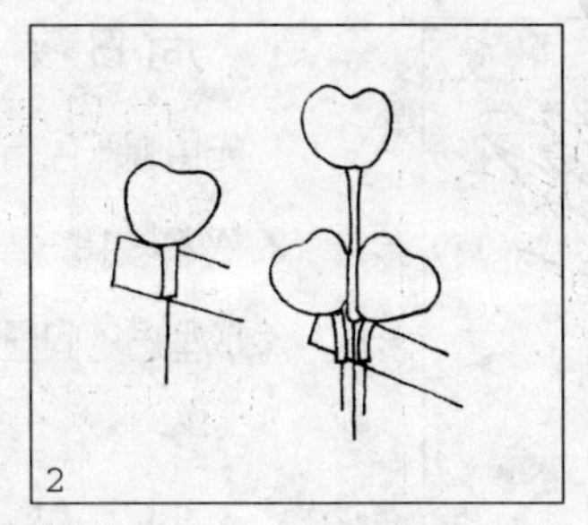

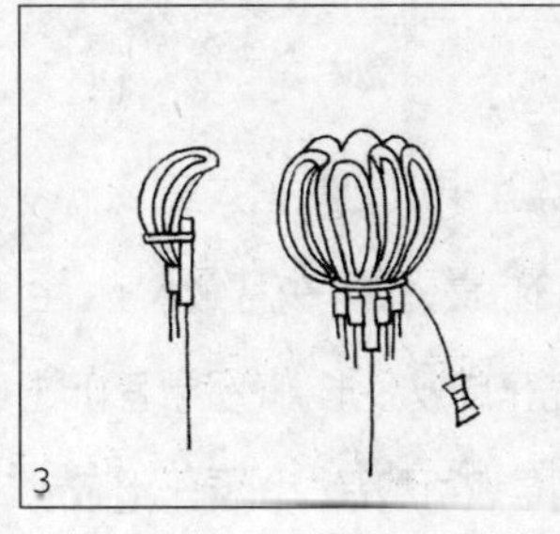

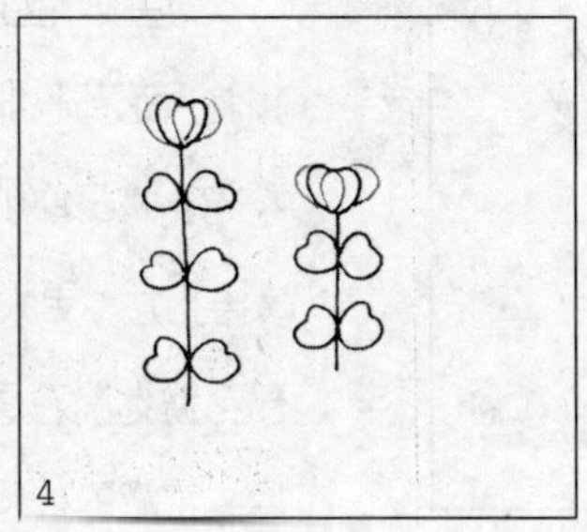

草莲花

1. 草莲花一般无须作花芯。先将花瓣作成深浅和大小略有不同的花瓣六组，每组两片，并按图所示前后重叠结扎好。

2. 依次将六组（十二片）花瓣结扎成一朵花。

3. 草莲花叶子造型。

4. 单枝草莲花造型。

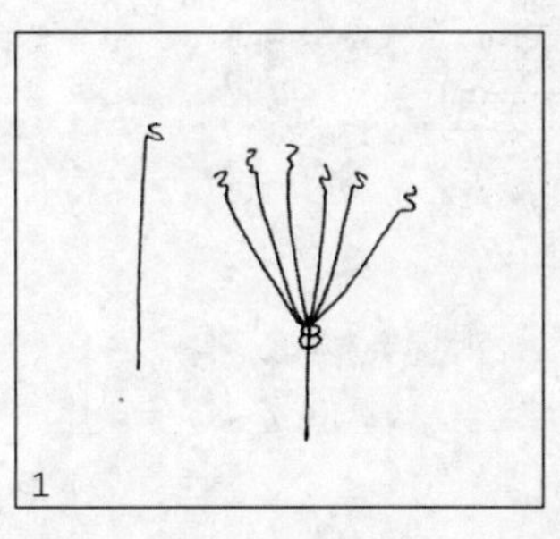

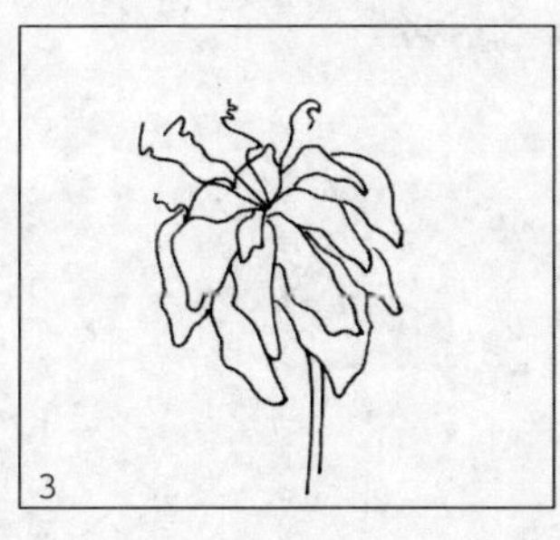

火焰百合

1. 火焰百合的六根花芯可用细铁丝作出。

2. 花瓣作法大体同草莲花，唯直径需大于草莲花。

3. 花瓣在组装后必须全部向后翻转。

4. 成型后的火焰百合。

向日葵

1. 先用咖啡色布条作出2CM大小直径的花芯。
2. 依次将15~20片花瓣结扎成花。
3. 成型后的向日葵造型。

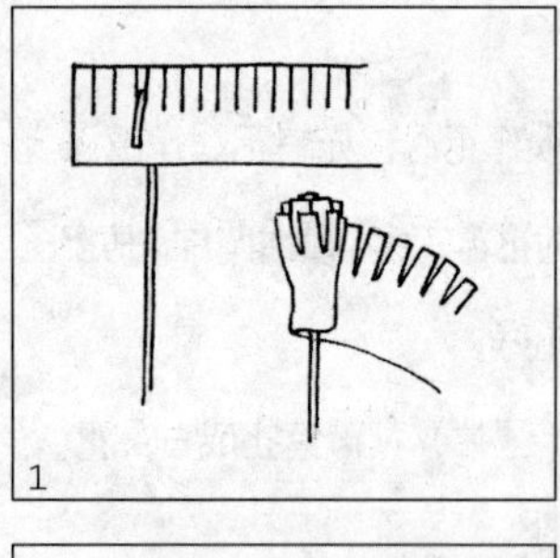

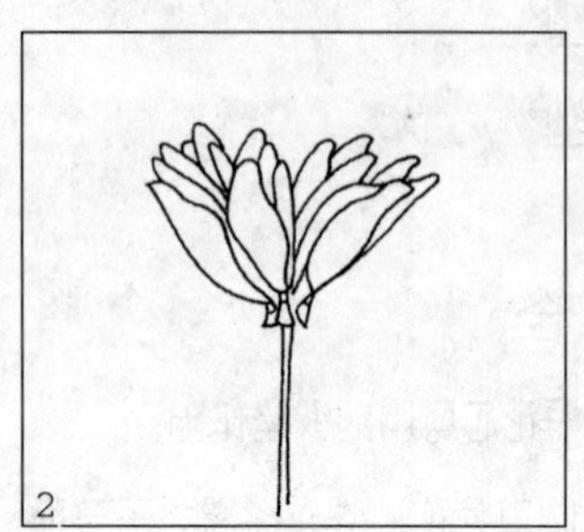

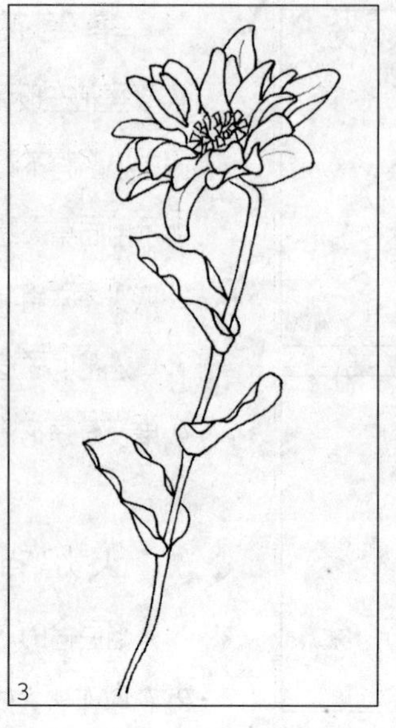

牡 丹

1. 牡丹花花芯细而密。
2. 先扎入三片小花瓣，再扎五片稍大些的。
3. 再扎七片更大些的，最外层有九片最大的。全部花瓣均需在事先作成波浪形。（初学者作牡丹，花瓣的数量和层次可酌减，以便于组装成型）
4. 牡丹花叶子造型。
5. 成型后的牡丹花造型。

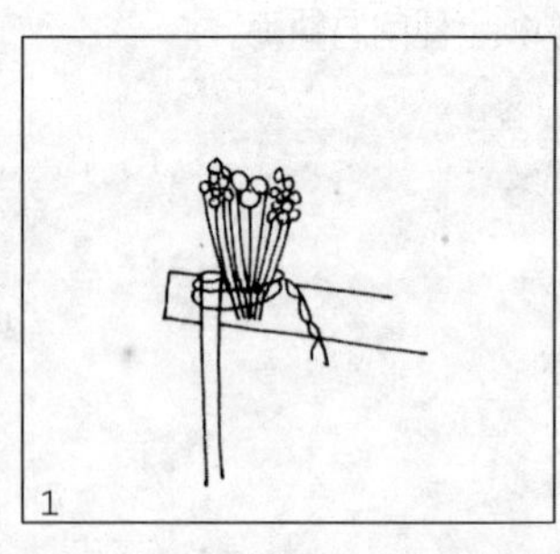

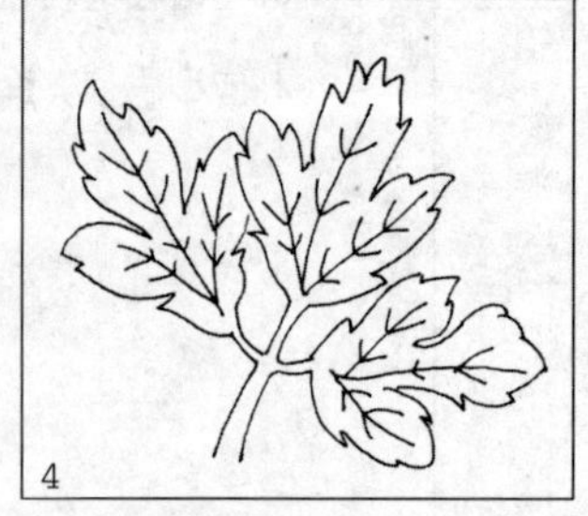

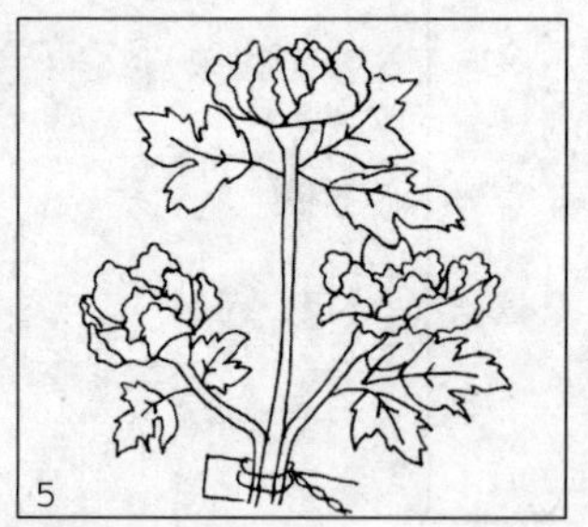

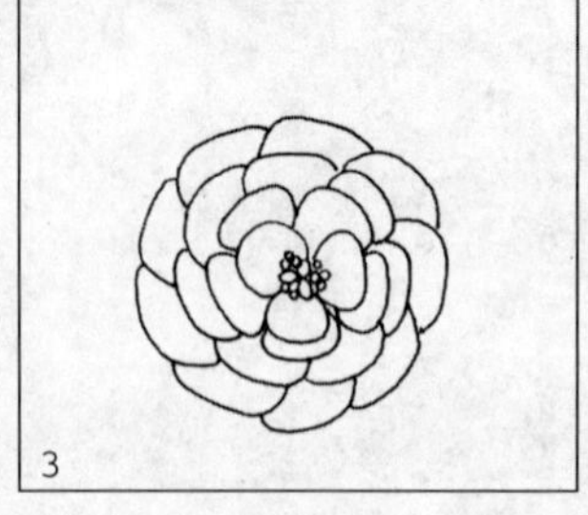

黄苞竹芋

1. 花蕊少许，先扎人三片花瓣。

2. 略向下再扎人三片，再向下三片、五片……一朵花约为15~21片。

3. 扎好后再向上翻转。

4. 成型后的黄苞竹芋。

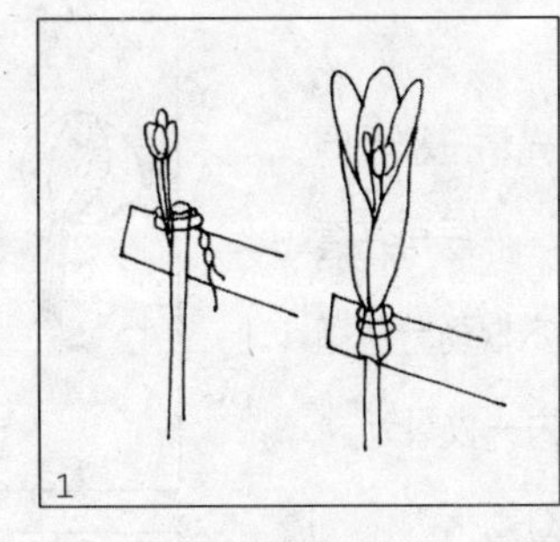
1

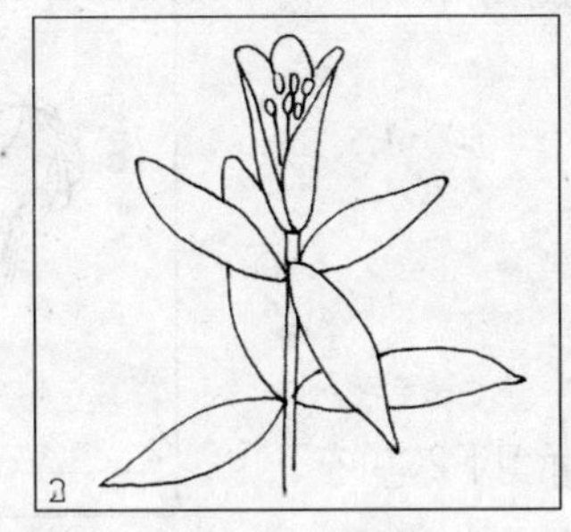
2

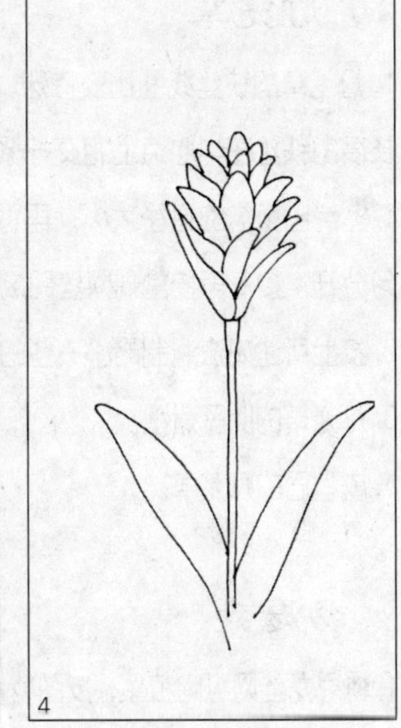
4

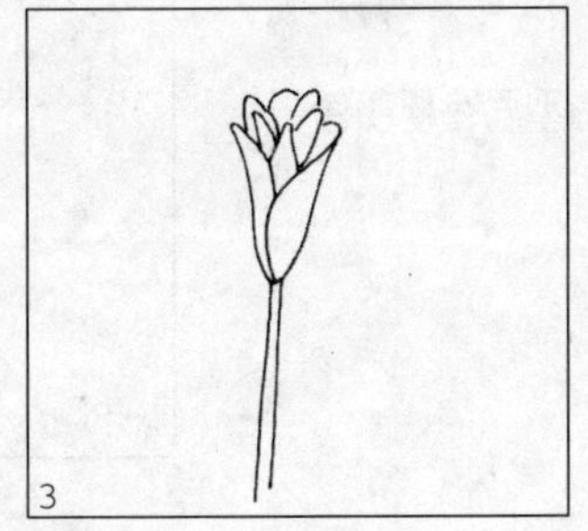
3

圣诞红

1. 圣诞红的花芯由若干自制的小花蕊作成。

2. 圣诞红花瓣一般为内三层、中间三层、外三层，每层均为五片，直径一层比一层大1cm左右，全部为波浪形。花瓣根部再酌情扎人3~5片叶子。

3. 成型后的圣诞红造型。

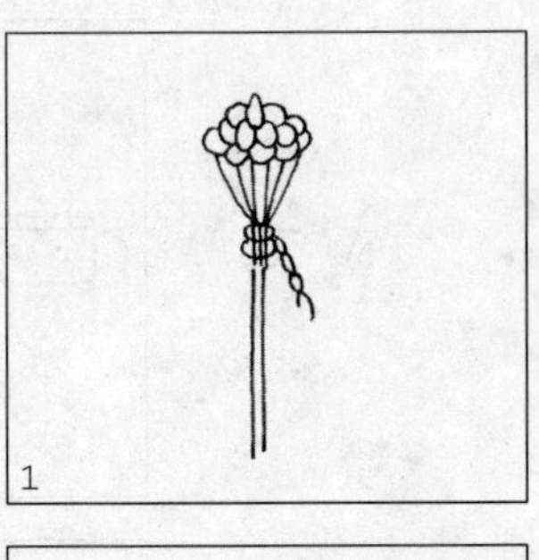
1

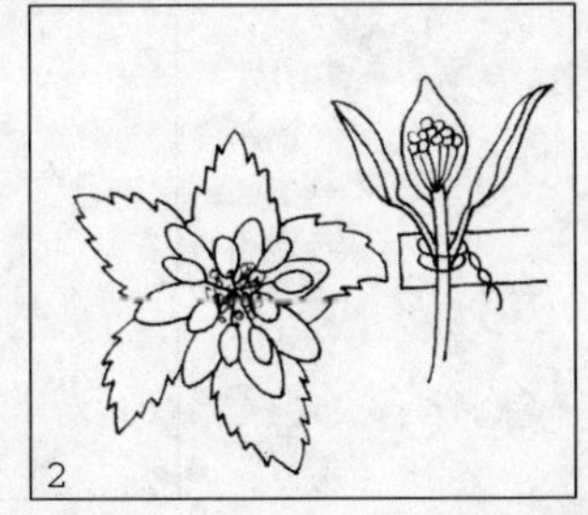
2

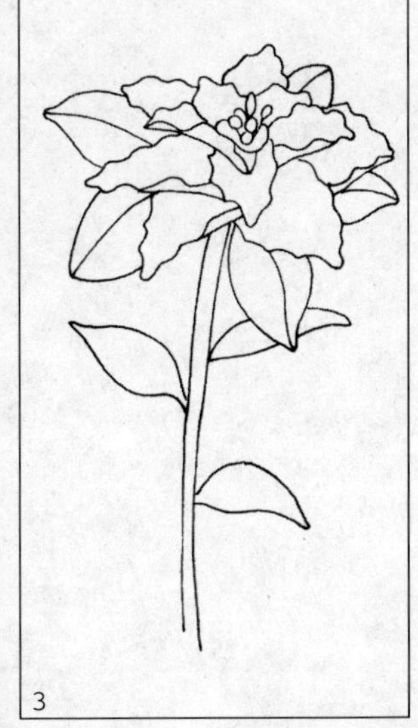
3

灯笼草

1. 灯笼草的铁丝线圈比较特殊。先将三根相同长度的铁丝在中心点上相交拧紧。然后再在套筒上绕出所需的直径大小。再将六根筋分头均匀分开，接着再按常规网丝即成为一枚灯笼。
2. 按上所述如法泡制略小一些的灯笼花。
3. 灯笼草的叶子造型。
4. 成型后的灯笼草。

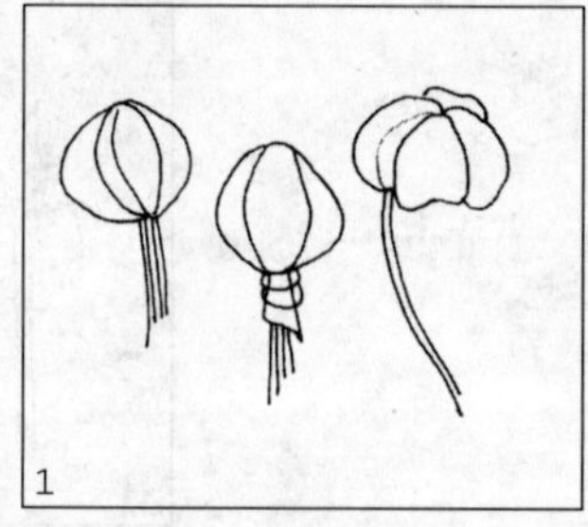

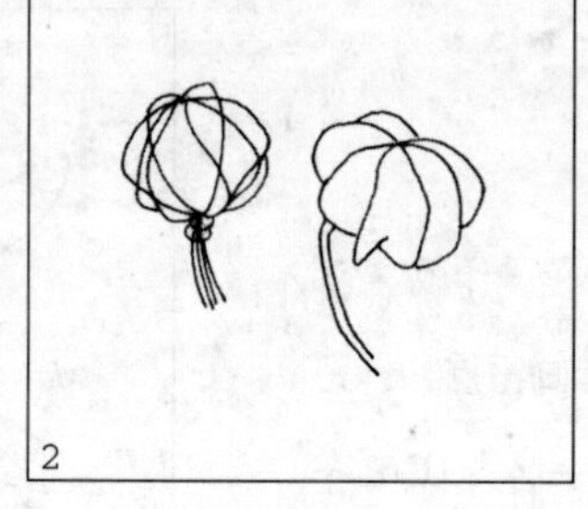

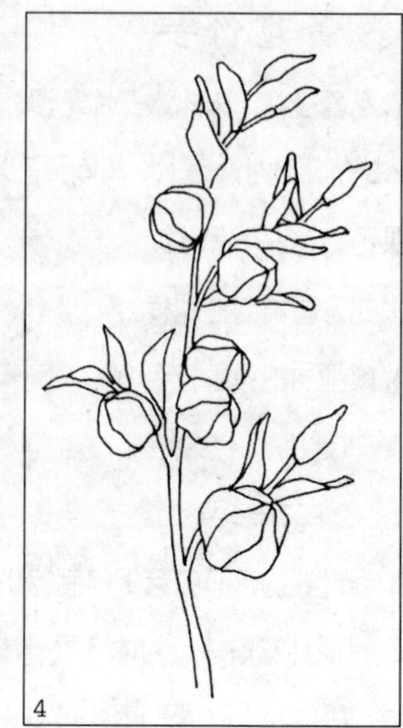

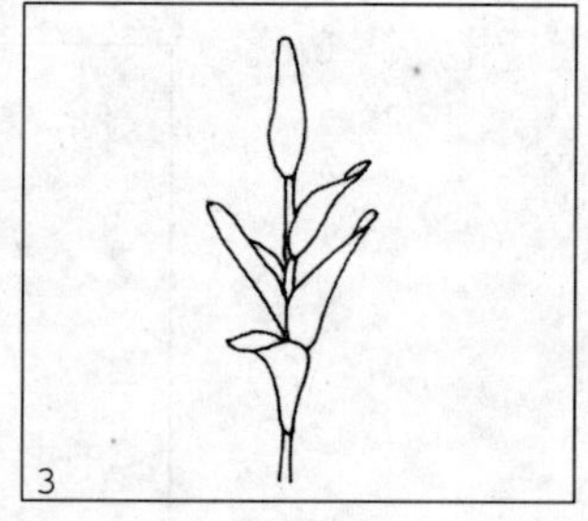

勿忘我

1. 将尼龙丝网纵向拉紧，按图所示剪下2CM左右扎紧。
2. 用布、纸带剪出花托和叶子造型后在梗部包上布、纸带。
3. 组装成型后的勿忘我。

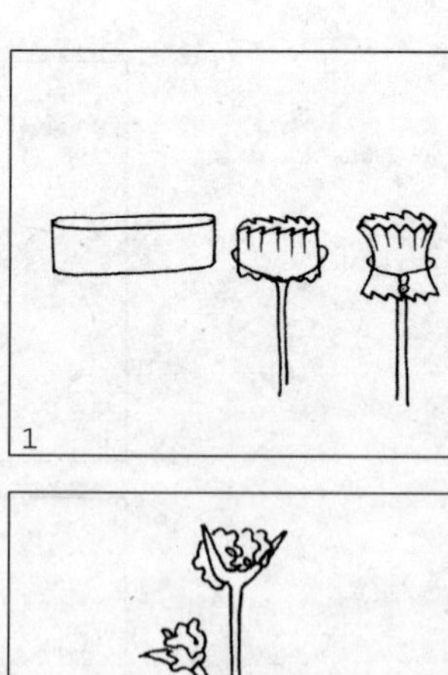

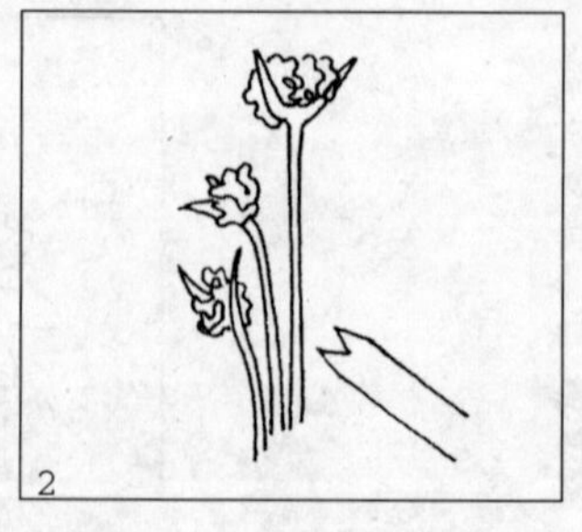

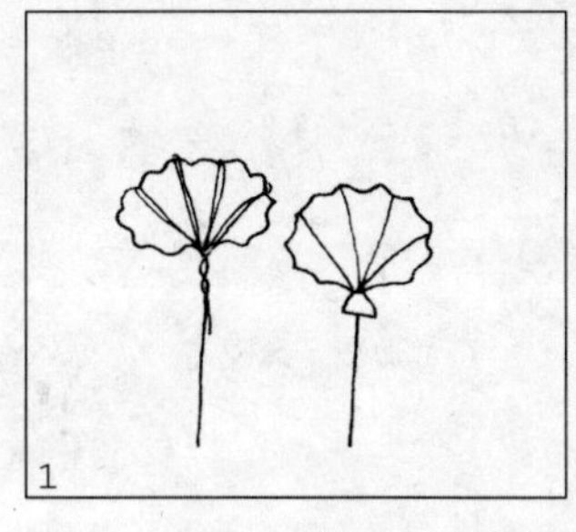
1

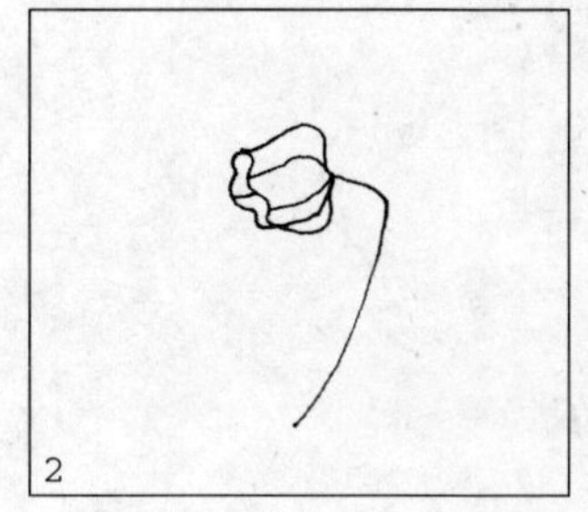
2

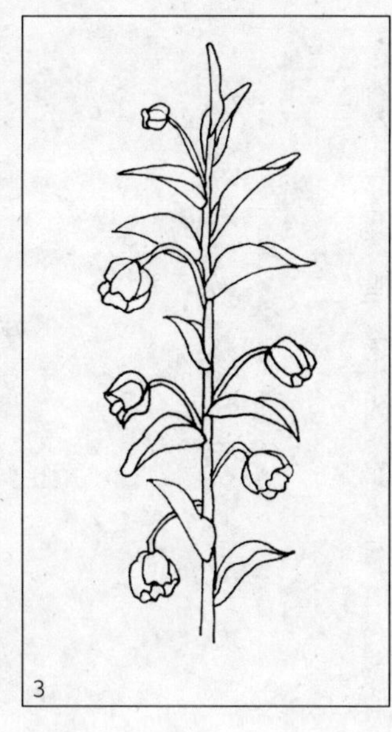
3

宫灯花

1. 先将花瓣作成直径 8CM 左右的波浪形线圈，再按图所示在每个线圈内嵌人四根铁丝，然后网丝。

2. 围着花瓣根部将上部向根部方向翻转，大体与吊金钟作法相似。

3. 成型后的宫灯花造型。

木莲花

1. 木莲花的花芯大体与球牡丹相似。

2. 花瓣造型较为奇特。先用两根相同长度的铁丝在中部互相重叠并拧紧，再绕成线圈，后网丝。

3. 木莲花花瓣共六片，内三片较小些，外三片较大些。

4. 整枝木莲花造型。

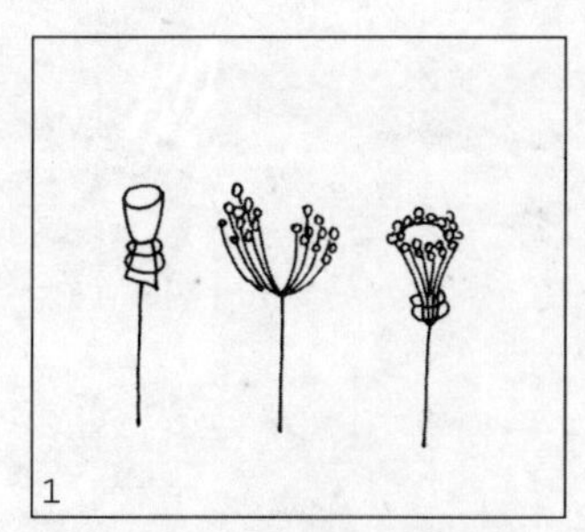
1

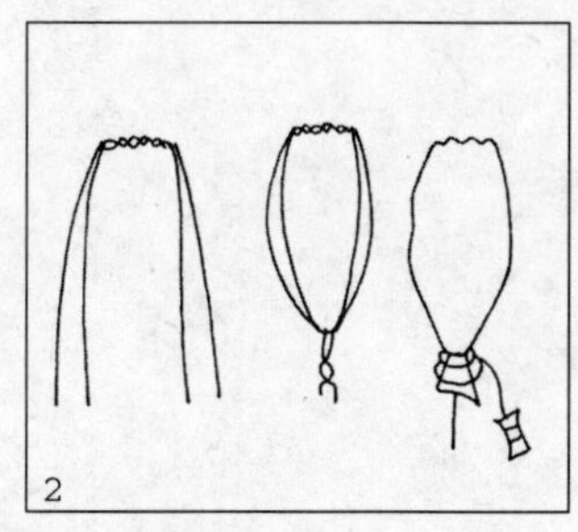
2

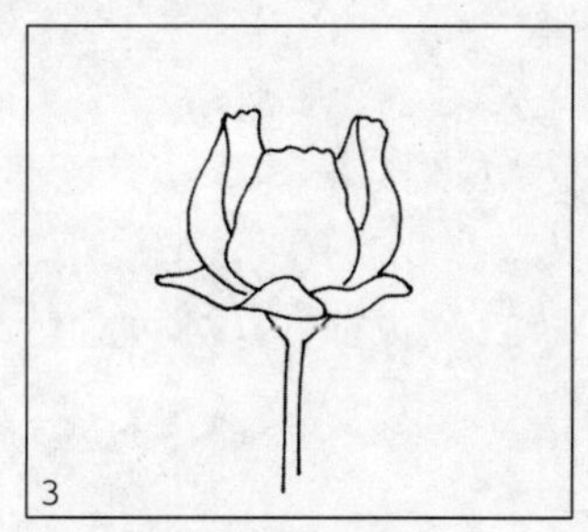
3

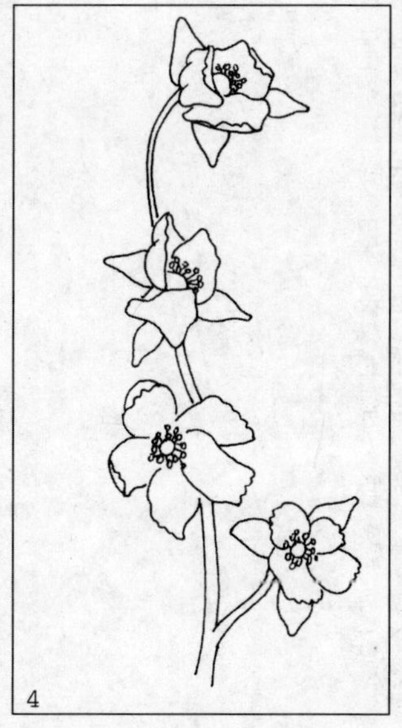
4

后记

给丝袜花作品配置相应的花器，也是一种设计和创作。本书中与丝袜花作品配套的花器绝大部分为作者自制。这样做的目的并不全是为了省钱。主要原因是市场上买不到可以相配的理想花器。其实作者工作室里有些花瓶、花插非常漂亮，价钱也不低，但它们与丝袜花不配，用它们配套后喧宾夺主，它们损害削弱了丝袜花的美，对它们只能作“花器自我欣赏”。为此，为便于读者习艺时作参考，这里对作者自制的花器作摘要介绍。

1. 报春花、球牡丹所用的竹筒，是建筑工地上脚手架用完后的废弃物。长长的一根毛竹，根据花形特点需要锯成数段即成花器。兰花草的破竹根看似脏兮兮的，但恰好反衬出兰花草出污泥而不染的品性，而且其尺寸的大小和高低，还有整个色调与兰花草相配无不恰如其分。

2. 现代生活中出现了大量的包装用废弃物，有的是瓶子，有的是盒子；有的方形，有的圆形；有的为透明塑料，有的为泡沫塑料；有的是纸做的，有的是金属做的。郁金香、水仙花、樱草等用的花器均属此列。

3. 现代人经济条件好了生活方式变了，为家庭整洁起见，很多东西都会被作为垃圾扔掉。如破旧粗陶罐、破口陶瓶、破蟋蟀缸、破瓦罐、破灯罩和灯座、绕线筒和卷纸筒、旧的藤篮和玉米皮箩、一次性使用的杯子和花蓝、过去农家用的粗陶油壶、废塑料电器罩、家庭装修后的铝合金型材的零料等等等等，这次均被作者派上了用场。其中如用来插马蹄莲的破玻璃灯罩，是作者几年前在西宁上课时，每天见住地旁的空地上一大片的野花风姿绰约、清丽动人，便常采集后带回自己房间，恰好在卫生间有一壁灯灯罩坏了，便取下作为花器，随之又跟着作者到了上海，这次又派上了用场。

4. 这一类花器大多是代用品。如竹淘米箩、玻璃和水果盆、婴儿用小脸盆、塑料和玻璃饮水杯、粗陶啤酒杯和高脚玻璃酒杯、青花瓷碗和西藏木碗、荷兰木鞋、呢帽和草帽等。如石斛兰，外国人近30年来时兴过父亲节，石斛兰便是象征父爱的花。作者便以高脚酒杯作花器以象征已婚男士形象。在给勿忘我花作配器时，再次使用高脚酒杯也是暗示男子形象（因生活中勿忘我花大多被用来比喻女性）。

5. 最后一类是真正的自制花器。如仿古陶杯：用铁丝做骨架再包卷上软纸或棉花，再包上最外层的白色或咖啡色的上过浆的斜布条，最后弯作成所需的篮子和花盆。用枯树枝粘贴组合成形，在卡纸上裱兰印花布、格子布等，再作成纸盒、纸框，也是一种非常简易可行的办法。

总之，只要能用心思考，努力去做，就定会有所成。但艺海无崖，学无止境，让我们一起以此共勉!

图书在版编目(CIP)数据

丝袜花艺术/吴静芳编著. —上海:东华大学出版社,
2007.4
ISBN 978—7—81111—238—2

Ⅰ.丝... Ⅱ.吴... Ⅲ.人造花卉—制作 Ⅳ.TS938.1

中国版本图书馆 CIP 数据核字(2007)第 043481 号

责任编辑: 石红敏
封面设计: 戚亮轩

丝袜花艺术
吴静芳　著
东华大学出版社出版
(上海市延安西路 1882 号　邮政编码:200051)
新华书店上海发行所发行　苏州望电印刷有限公司印刷
开本:787×1092　1/16　印张:6.25　字数:124 千字
2007 年 4 月第 1 版　2007 年 4 月第 1 次印刷
印数:1～6 000
ISBN 978—7—81111—238—2/J·062

定价:26.00 元